読んで体験する
戦略的IT 導入
プロジェクト の物語

技術士(情報工学)
池山昭夫 著

三惠社

目次

はじめに

　はからずも今回のコロナ禍は我が国の IT 活用の遅れを露呈させました。マイナンバーカードを使った申請データが市役所に届くと紙にプリントされ、その先は手作業による住民台帳の照合作業から始まるという話です。これでは FAX で送ったのと何ら変わりはありません。

　政府、自治体に限らず企業においても IT を苦手とする企業幹部が多く、平均的に我が国企業の IT 活用は他国に大きく後れを取っているのが実情です。

　変わらなければいけないのは IT 活用に限りません、DX(先端 IT が社会や産業に変革をおこす事)が叫ばれる時代になり大企業だけでなく中堅企業も中小企業も変革を迫られています。どの企業もこれからどのように変革し時代に適合して生き延びていったらよいのか、しっかりとした企業戦略、事業戦略を持つことが重要になってきています。

　本書は筆者が大手輸送機器メーカーを退職し、コンサルタントに転じてから２０年、クライアント企業の改革プロジェクトに参画し多くの課題をプロジェクトメンバーとともに考え、悩み、解決していった経験を基に書かれています。

また背景として以下のような問題意識をもって書いています。
- 多くの経営計画書に戦略ストーリーがない
- ばらばらで対策だけの業務改革も多い
- IT を苦手とする企業幹部が少なくない
- マネジメント不在の IT プロジェクトが多い

●要件を適語表現できない SE が多い

●問題だらけの IT 契約書が多い

読者としては以下の方を想定しています。

・自らの想いを経営戦略として見える化したい経営者の方

・事業改革、業務改革の必要性を感じている幹部社員の方

・改革プロジェクトや IT 導入プロジェクトに関わることになった方

・経営系、情報系の院生、大学生で企業内での改革実務、IT 導入実務を知りたい方

・IT ベンダーの営業員、ＳＥでユーザ側から改革プロジェクトや IT 導入を見てみたい方

　本書のストーリーは架空の包装機製造会社である株式会社自由ヶ丘工業の事業改革プロジェクトのプロジェクト活動として描かれています。読者はそのプロジェクトのリーダー又はメンバーとしてコンサルタントの支援を受けながら事業戦略から業務改革、IT 企画までを、演習問題を解くという"疑似体験"を通して学んでいきます。

　また本書は製造業の話としてストーリー展開していますが、書かれている方法論は製造業に限った話ではなく、あらゆる業種に適用できる汎用的な手法です。したがって企業だけでなく戦略的経営を志す学校、病院や各種団体でも活用頂けます。

　演習問題は 22 題あり簡単に解けるものから時間のかかるものまで幅広くあります。問題と解答は見開きで同じページにならないように編集してあります。また 1 問当たりに要する時間の目安が問題ごとに示してあります

ので、出来るだけその時間は次のページを開かないで問題を考えるように
して下さい。

　では、はじめに自由ヶ丘工業のプロフィールをよく読み、頭の中に工場や
製品またオフィスの風景を描きながら、自由ヶ丘工業の役員、社員になった
つもりで、読み進んでいってください。

注：本書では、事業戦略の立案から業務改革、IT 導入とトップダウン型で
プロジェクトを進める構成になっています。事業戦略が明確な企業、団体の
場合には事業戦略フェーズを飛ばし、業務改革フェーズから読み始めても
結構です。また、IT 構築に関わるところだけでよい、と言う読者は第 4 章
の IT 企画および第 5 章の IT 調達・導入の章だけお読みください。但し、
全体が自由ヶ丘工業の包装機事業の戦略立案から始まるプロジェクトにな
っていますので、自由ヶ丘工業のプロフィールは事前に読み理解してから
読み始めてください。

株式会社 自由ヶ丘工業のプロフィール

現在は 58 期が始まった 4 月 10 日時点である

1 企業概要

＜基本情報＞

会社名 ：株式会社 自由ヶ丘工業

創業 ：昭和 26 年 8 月 01 日

代表者 ：代表取締役社長 豊田春夫

資本金 ：5 億円

事業内容 ：包装機、特注機の製造・販売

事業所 ：本社・本社工場 名古屋市

　　　　　　豊橋工場　　東京支店　大阪支店

売上高 ：242 億円(57 期)

営業利益 ：12 億円(57 期)

中期目標 ：61 期に 300 億円の売上、営業利益率　8 ％

　　　　　　（うち包装機事業の目標 240 億円、営業利益率　10%）

従業員：726 名（平均年齢 41 歳）

財務：無借金で投資余力アリ

社風：チャレンジ精神が強い

＜経営理念と沿革＞

【経営理念】

　　・オンリーワンの技術で日本のモノづくりに貢献する

　　・お得意様、仕入先様、当社の共存共栄を図る

　　・社員の物心両面の幸福を追求する

【沿革】

　当社は創業時の薬品容器の製作からはじまり、お客様の要請に応じてその製品を高度化、拡大してきた。5年前に取引銀行の斡旋で愛知県豊橋市にある機械メーカーの三河機械（株)を買収し、1年後に吸収合併した。顧客としては食品メーカー、薬品メーカーを得意先としており、顧客業界は多岐に亘っている。また包装機では7年前からトップシェアを維持している。

＜事業内容　（57期末時点での売上比）＞
・包装機　80％（売上　192億円:営業利益　9.5億円）
・特注機械　15％（売上　36億円：営業利益　1.5億円）
・補修部品・サービス　5％（売上　12億円：営業利益　1億円）

2　包装機事業の現状
・5年前から筐体や部品の共通化、標準化を進めており、量産効果によってコスト削減が進みつつある
・今までは顧客の要望を何でも聞いていたが標準機を中心とした提案型の営業に変えている
・当社は保守サービス部門が充実しており競合の本山機械に対して差をつけていると自負している
・また当社の包装機は高速運転もできる。これも本山機械に比べ強みとなっている
・一方、価格面では高コスト体質で本山機械より高めになってしまう
・しかしトップメーカーのブランドで売れると思っている

・図表 0-1 が現状の包装機事業の事業戦略である

この図は戦略マップと言い、現状から経営目標に至るまでのストーリーを表す図です(詳しくは第 2 章で説明)。

この図の読み方は次のようになります。

①「営業利益の増大」と言う目標に至るには「売上の増大」が必要です

②「売上の増大」のために「スループットの高い機械を提供」し「保守サービスの充実」を顧客に訴求して行きます

③その為には「高速運転できる包装機を開発」します

④一方、会社の利益を上げるためには「費用(コスト)の削減」が必要です

⑤その為には「設計コスト削減」と「製造コスト削減」を行います

⑥更にそのためには「筐体・部品の標準化、共通化」を進めます

⑦また商談に当たっては利益の出る標準機を「提案する営業」を行います

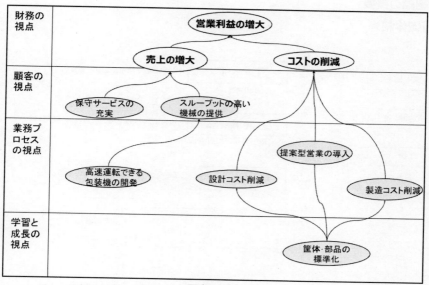

図表 0-1

現状の戦略の要点をもう一度まとめると

- 本山機械の包装機に比べ高速運転が出来ることを武器に受注競争に打ち勝つ
- 筐体、部品の標準化を進めこれによって設計コスト、製造コストを下げる
- 受注に際しては標準機をベースにした提案営業に力を入れる

以上3点です。

3 組織の概要

<組織体制>

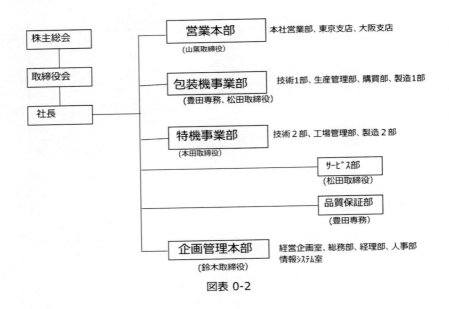

図表 0-2

注：本書ではこれ以降は包装機事業についてのみ扱うため、以下特機事業については省略します。

<組織と担当>

豊田社長： 年齢 42 歳、3 代目社長。営業経験が長く温和な性格。経営についても日ごろからよく勉強をしている。今回の事業改革プロジェクトは製造業の IT 化推進をミッションとしている団体の勧めで始めたものである。3 代目だがリーダーシップもあり社交的な性格である。ただ一つ悪い癖がある。それは一度決めたことを再度考え直し後日くつがえすこと。

豊田専務：68歳。社長の叔父にあたり、技術開発を担当している。新しいもの好きの性格で当社の製品のベースマシンはほとんど専務が開発・設計を行っている。また特注機械の事業買収もこの豊田専務が三河機械の技術力にほれ込み強く推したのが決め手になった。何事もプラス思考で考える自信家。

役職は包装機事業部の事業部長で品質保証部長も兼務する。

尚、豊田専務は社長とともに代表権を持つ。

松田取締役：59歳。包装機の製造部門、サービス部門を担当。堅実な性格で顧客、取引先からの信頼は厚い。包装機の製作については豊富な知識と経験を持っており、生き字引のような存在で若い社員からは大変頼りにされている。日々工場でのコスト低減に腐心している。また還暦を間近に控え、若い社員の育成に熱心である。

役職は包装機事業部の副事業部長でサービス部長も兼務する。

本田取締役：62歳。5年前に買収した三河機械の創業者で根っからの技術屋。6年前に取引銀行の斡旋で自由ヶ丘工業の傘下に入る。昨年吸収合併され、自らは特機事業部の事業部長として残る道を選ぶ。

山葉取締役：52歳。営業担当で10年前に大手機械メーカーから転職してきた。フットワークがよく顧客から信頼されている。また部下の面倒見がよく社内の人望も厚い。経済環境の変化で今までの営業のやり方を変える必要があると感じているが、どうすればよいかは分からない。とにかく営業はガッツが大事との考えもある。IT化にはあまり関心がない、というより内心は反対である。

役職は営業本部長。

鈴木取締役：45 歳。経営企画、総務、人事、経理、情報システム担当。社長の姉で気さくな性格。過って会計事務所に勤めていたことがあり経理関係は強い。原価計算が得意でコストにはうるさい。IT についても意欲的に勉強しているが、心の底では苦手意識がある。
役職は企画管理本部長。

＜各部門の概要＞
営業本部　（120 名）
・本社営業部、東京支店、大阪支店より成る
・扱い商品に専門性が必要なので製品別に担当が分かれている
・包装機についてはトップから標準機をベースとした「提案営業」の指示が強く出ているが苦戦している
・技術者出身の営業マンが多く技術説明は良いが商品を売り込む力は弱い
・中期目標達成のためには本山機械の「何でも聞く営業（値引き）」に対抗できる強力な戦略を立てる必要がある

企画管理本部　（35 名：うち派遣社員 3 名）
・経営企画室（4 名）、総務部（4 名）、人事部（10 名）、経理部（10 名うち 4 名は派遣社員）および情報システム室（7 名うち 2 名は派遣社員）よりなる
・専門教育は各部で行っているが、社員の一般能力向上は当本部の責任で行っている

包装機事業部 （400名）

- 技術1部、生産管理部、購買部、製造1部の各部よりなる
- 包装機の開発（企画・設計）から資材の手配、品質検査、製作までを担当している
- ただし社内では組立、検査が中心で部品の製作は主に外注先で行っている
- 外注業者の数は機械加工28社、部品購入35社で全体では110社ぐらいである
- 顧客としては全国の食品メーカー、医薬品メーカーなどで、ほぼすべて直販である
- 一台あたりの価格は100万円程度から2,000万円程度と幅がある。平均は約600万円
- 売上 ： 前期　192億円　⇒　中期売上目標（61期）　240億円
- 営業利益 ： 前期　9.6億円　⇒　　中期目標（61期）　24億円

特機事業部 （102名）

- 技術2部、工場管理部、製造2部よりなる
- 特注機の開発・設計からから資材の手配、組立、品質検査、製造、保守サービスまでを行っている
- 売上：前期　38億円　⇒　中期売上目標　40億円

品質保証部 （15名）

- 現在部員は15名であり人手不足
- 検査業務、工程改善、クレーム、トラブル対策などを行う
- 5年前からはISO事務局も務めている

サービス部（48名）

- 部品売上が70%、保守サービスが30%
- 包装機の保守・サービス体制は競業他社に比べ充実している
- 売上推移　前期　12億円　⇒　中期売上目標　20億円（60期）

事業改革プロジェクト

　経営計画のスタートから2年が経過したが、現在の戦略のままだと我社の「提案営業」が本山機械の「何でも聞く営業」に負けてしまう。また売り物であった「高速運転」もPR不足で市場に浸透しておらず売り上げに貢献していない。このままだと中期目標の達成は困難になってきた。そこで、新たに事業戦略プロジェクトを編成し、現状の戦略を補強する戦略を作ることになった。

- プロジェクト目的：包装機事業の中期目標が実現できる新戦略の立案
- プロジェクトの開始：58期4月
- プロジェクトオーナー　：豊田専務
- プロジェクトリーダー　：高杉部長（技術1部）
- 事務局：伊藤室長（情報システム室）
- アドバイザー：池上コンサルタント（以下池上コンサル）

4　外部環境

- ライバルである本山機械は最近勢いがありシェアも3ポイント差まで迫ってきた
- また本山機械が最近、「何でも聞く営業」戦略で攻勢をかけてきており価格競争も激しくなっている
- なお、本山機械の包装機は当社製より品質が高いとは思わないが、どういうわけか故障が少ないという評判がある

- ・機械に対する要望としては衛生面からの品質要求が厳しかったが、最近は生産性に関しても要求が強くなっている
- ・以前、包装機は競争も少なく受注も安定していたが、最近は受注競争の激化で採算性の悪い案件が増えている

5 プロジェクトによる社長および各部門のヒアリング結果

　プロジェクト発足に先立ち、池上コンサルを中心にプロジェクトリーダーの高杉部長と事務局の伊藤室長の 3 人で社長、役員のヒアリングを行いました。以下はそのヒアリング結果です。

社　長

　包装機、特注機械共、投資減税など最近の投資環境の改善のおかげで新規の引合いが増加している。とは言うものの、消費財はデフレマインドがつづいており、食品メーカーはいずれも厳しい経営を迫られている。そのため新規の設備投資には慎重で価格に対する要求も相変わらず厳しい。

　包装機は本山機械が攻勢をかけてきているが、当社の強みである「高速運転」と「保守サービスの充実」をアピールして価格競争に陥らないようにしたい。

　包装機事業は数年前からコスト低減を狙って筐体の標準化、部品の共通化を進めてきたが、効果が出始めている。今後はこの成果を顧客に還元する形で使い本山機械に対抗していきたい。

　競争力強化のためには、社員一人一人の能力アップが一番大切と考えている。とにかく今の当社のビジネス構造では儲けが出にくい。しかし 61 期には中期目標を達成し包装事業では売上 240 億円、営業利益率を 10％に持っていきたい。その為には包装機は今後 2 年以内に新しい事業戦略を立案

し競業他社を引き離して安定的に利益が出せる事業にしたい。一方、特機事業は販路を全国に広げ売上拡大を目指す。

　当社は経営理念に「社員の物心両面の幸福を追求」を掲げているので社員の給与も地域でトップ10内に入る水準に持って行きたいと思っている。

　またITについては最近IoTやAIなど新しい潮流も見られる。当社のビジネスでもこうした新しいITの技術を積極的に取り入れていきたい。

山葉取締役（営業担当）

　国内市場が縮小する中、各社設備投資には慎重で、引き合いは多いものの成約までに時間がかかる。提案力や顧客要望、顧客仕様を短時間で引き出す能力をもっと強化する必要がある。

　包装機は2番手の本山機械が「何でも聞く営業」で攻勢をかけてきている。至急、新たな対抗戦略を立てる必要がある。ただ顧客の業界が多岐にわたっている点は当社の強みである。

　また本山機械の包装機に比べ高速運転ができるのも当社の強みであるが、最近、高速運転時の不良品発生問題が起きており気になっている。

　当社の機械は価格設定が少々高めになっているため販売で苦戦している。ただ、トップシェアの実績と長年築いてきた顧客との信頼関係のおかげでそれなりに売上は確保している。

　保守に関しては、保守契約をしてくれるお客様が増えてきている。
また予防保守に対する要望が強くなっているのを感じている。
営業はフットワークが大事だが当社の営業マンは押しが弱い。

豊田専務（技術担当）

　標準化、モジュール化はかなり進んだが、まだ道半ばである。今後一層の標準化を推し進める。設変対応など後追い業務で設計者が忙殺されている

のは相変わらずである。包装機の技術部門はベテランが多く、品質には自信がある。

また顧客企業の製造現場をよく知っていることも当社の強みである。

一方で、職人気質のエンジニアが多く、コスト意識に欠ける。包装機は技術が人についている。キーマンがいなくなるとその技術が会社からなくなってしまう恐れがある。

当社の強みである高速運転は他社との差別化になっていると思うが販売面でこの点のPRが足りない。

機械のIoT化については、今後は積極的に取組みたい。またAIも普及期に入り当社の製品にも使える可能性が出てきた。しかし、組込みソフトの技術者は大勢いるが IoT、AI については人材不足である。

豊田専務（品質保証担当）

MTBF(※0-1) は本山機械に負けており、品質基準を見直す必要がある。ただ、当社の機械は高速運転が出来るため、高速モードで動かすお客様も多い。その為部品の摩耗が激しく故障の発生につながっていると思う。最近頻発しているクレームの殆どはこれだ。品証は人手不足のため一部の検査業務は製造部に任せている。

もっと品質分析に時間を掛けたい。

松田取締役（包装機 製造担当）

設計変更が多く使えなくなった部品が不良在庫（成行き在庫と称している）として工場にたまってしまう。この点は相変わらず。包装機の外注先は小規模業者が多いが、後継者難から廃業する会社が出てきている。今後こうした会社が増えるのではないかと憂慮している。標準機をベースとした受注が少し増え製造コストも徐々に下がってきている。標準筐体や標準部品

の計画生産にも慣れてきたが在庫管理はやはり難しい。

松田取締役（サービス担当）

　保守サービスの充実は当社の強みである。それはMTTR(※0-2)が競業他社より短いコトでも分かる。しかし下記のように課題も多い。これらを解決する保守システムを構築する必要がある。

①修理機械や部品の特定に時間がかかる
②機械の修理履歴が整備されておらず、修理伝票の束をめくって機械の現状を確認している
③ほとんどの業務がExcel台帳や紙の伝票で行われている
④各修理案件の状況が分からず、顧客からの問い合わせに応えらない
⑤予防保守に対する要望が強くなっている（故障停止しない機械への要望）。しかし現在、予防保守は行っていない
⑥補修部品の欠品が多い
⑦部品手配とサービスマン手配が同期していないため、サービス要員の待機が多発している
⑧ほとんどのケースは一刻も早く直してくれ、というもので保守員の手当てが難しい

鈴木取締役（経営企画、総務、経理、IT担当）

　受注競争が激化し、採算割れの案件が出てきている。幾ら受注できても赤字受注ではやっていけない。営業は案件ごとの採算をよく見て営業活動をしてほしい。その為には見積もり段階で正確に原価が分かるシステムが欲しい。現状は案件ごと見積原価と実際原価の乖離がひどい。今回のプロジェクトでは情報システム室長を事務局として参加させ、全面的に

協力するのでぜひ成功させてほしい。

（※0-1）MTBF（Mean Time Between Failures）：機械の信頼性を表す指標
　　　で、平均故障間隔のこと。値が大きいほど信頼性が高い

（※0-2）MTTR（Mean Time To Repair）：故障の修復にかかった平均時間
　　　のこと。値が小さいほど修復能力が高い

第1章

－プロジェクトの準備－

プロジェクトの発足にあたっては一般的に以下の準備が必要です。

①目的の明確化と共有化

②活動範囲の決定

③プロジェクトの編成

④大日程の作成

⑤成果物の明確化

⑥予算の確保

⑦作業環境の整備

⑧プロジェクト運用ルールの決定

今回のプロジェクトでは①〜⑤についての準備作業を行いました。

1-1 目的の明確化と共有化

今回のプロジェクトの目的は「包装機事業の新たな戦略案とその実施策の立案」です。これを忘れないようにプロジェクトルームの壁に大きくこれを書いて貼ることにしました。

1-2 範囲の決定

今回のプロジェクトの対象範囲は包装機事業部の販売から技術、生産品質保証までの全業務プロセスとなります。これについてもプロジェクトの初めに確認をし、皆で共有化しました。

1-3 プロジェクト体制

プロジェクトの成否の半分はこのプロジェクト体制の良し悪しで決まる、と言われています。そこで池上コンサルにどのような人選や編成にしたら良いかアドバイスをもらうことにしました。

〔コンサルタントのアドバイス〕

人選にあたっては以下の点に注意してください。

・メンバーの上司に対し十分な説明を行い納得の上で人選してもらう
・メンバーは部門内で信頼の高い適任者を選んでもらう
・事務局は専任が望ましいが、兼務で行う場合でもプロジェクト業務に 50%
　以上の時間を割く。メンバーも同様に 30% 以上時間を割く
・事務局、メンバーに対しプロジェクト勤務の "辞令" を出す
・全てのプロジェクト参加者におのおのの役割を理解したうえで参加しても
　らう

　事業戦略を立案するプロジェクトですので、部内の暇な人や適性のない
人をメンバーとして出してもらっては困ります。能力がなく暇な人は論外
ですが、次のようなケースも間違った人選になります「彼はガッツがあり売
り上げ No1 の営業マンだ。当部の意見を反映させるために彼をプロジェク
トに送り込もう」
　メンバーは時に部門の意見を集約してプロジェクトに反映させることが
あるかもしれませんが、利益代表として参加するのは困ります。営業職メン
バーの場合はあくまでも顧客の情報、営業のプロセスをよく知っているメ
ンバーとしては入るのでなくてはなりません。また今回は企画プロジェク
トですのでガッツよりもロジカルな思考の出来る人の方が適任です。

　プロジェクトメンバーはプロジェクトで決まったこと(新しい戦略や実施
策)を部内に理解・定着させる役割も担います。その為には部門内で信頼さ
れている人であることも条件です。
　メンバーにプロジェクト活動に対するモチベーションをしっかり持って
もらうためには"辞令"も重要となります。
　多くのプロジェクトでメンバーは兼務でプロジェクトに参加しますが、
たとえ兼務であってもメンバーのモチベーションを高めるために"辞令"を

出すようにすべきです。

　名ばかりリーダーや名ばかりメンバーではプロジェクトは機能しません。リーダー、メンバーだけでなくプロジェクトオーナー、ステアリングコミッティーを含めすべての参加者の"役割"を明確化し、各自によく理解してもらうことが必要です。

プロジェクトオーナーの役割

・関係部門への協力要請

・予算、リソースの承認

・経営的観点からの評価・指示

ステアリングコミッティーの役割

・プロジェクトの評価

・プロジェクトへのアドバイス

・プロジェクトの側面支援（担当部門への協力指示）

プロジェクトリーダーの役割

・プロジェクト全体の統括

・プロジェクトに必要な予算、リソースの確保

・作業部会の議長役

・メンバーのモチベーション鼓舞・維持

事務局の役割

・作業部会の準備、招集、記録

・日程調整

・議事録作成

・プロジェクトの成果物作成

プロジェクトメンバーの役割

・必要事項の調査

・検討に必要な資料の準備
・課題の検討とアイデアだし
・作業部会での意見だし
・部門内での意見集約

〔アドバイスは以上〕

　以上のアドバイスを聞いて、今回は社長と専務で図表 1-1 の様な人選を
しました。プロジェクトオーナーは豊田専務、プロジェクトリーダーは技術
1 部の高杉部長、事務局はフットワークの良い情報システム室の伊藤室長で
す。作業部会のメンバーは技術 1 部の第 2 課長、工場部門からは生産管理
部次長と工場管理課長、それに営業部次長とサービス部課長の計 5 名が選
ばれました。また、当社はこうしたプロジェクトの経験が少ないので、プロ
ジェクト発足前に、地元のコンサルタント会社と顧問契約を結びました。
　そしてそのコンサルタント会社からは経験豊富な池上コンサルが来て、
今回早速プロジェクト編成についてのアドバイスをしてもらいました。

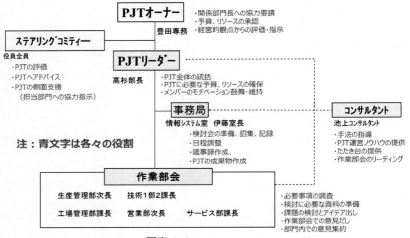

図表 1-1

1-4 大日程

　今回は事業戦略立案から IT 導入までの日程を 18 ヶ月間と見積もりました。その 18 か月間は 3 つのフェーズに分かれています(図表 1-2)。第 1 フェーズは事業戦略の立案、第 2 フェーズはその事業戦略を実現するための業務改革、第 3 フェーズは新しい戦略で必要になる IT の構築です。

　また各フェーズの終了時点では次のフェーズに進めてよいかの評価判定を行います。

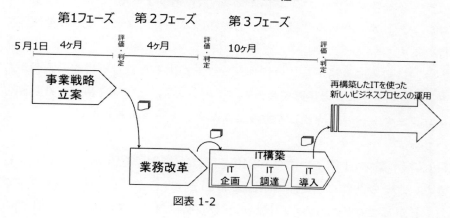

事業改革プロジェクトの大日程

図表 1-2

1-5 プロジェクト活動の成果物

　今回のプロジェクトの成果物は何でしょうか。池上コンサルに依れば、意外にもこの成果物を定義しないままプロジェクトを始めプロジェクト運営が混乱してしまうケースがよくあるそうです。実は当プロジェクトメンバーも初めてのことなので改めて"成果物"と言われると答えられません。そこで池上コンサルタントの指導を仰ぎ次のように確認しました。第 1 フェーズの成果物は"事業戦略企画書"でその中でも主要な成果物は"戦略マップ"です。第 2 フェーズでは戦略を実施策まで具体化した"アクションプラン"と改革対象業務の"新しい業務プロセス図"です。第 3 フェーズでは開発する情報システムの構想や機能、効果、費用、開発日程などを書いた"情報化企画書"です。

　プロジェクト活動を進めるにあたっては、常にこの"成果物"を念頭に置いて進めるようにします

1-6 キックオフミーティング

　キックオフミーティングは単なる儀式ではありません。目的の共有化、プロジェクトメンバーの意識づけ、前提知識の共有化などをこの場を使って行います。

　今回は初めに専務からこのプロジェクトが出来た背景や目的の説明があり、続いて事務局長の伊藤室長からメンバーの紹介があり、最後に社長からプロジェクトへの期待として次のようなメッセージがありました。

　『包装機事業を 61 期までに売上 240 億円、営業利益率 10％にまで持って行きたい。その為に 2 年前に中期経営計画を作り皆さんと一緒に頑張ってきた。しかしこのところの本山機械の営業攻勢に負け、このままでは 61 期の目標は達成できそうもない。そこで今までの戦略を補強する新しい事業戦略を 1 年半で立案、実施に移し 61 期には当初の計画通り目標を達成したい。従来のしがらみにとらわれず皆さんの英知を結集し、新しいデジタル技術なども取り入れた競争力のある戦略案や業務改革案を提案してほしい』

1-7 事前学習

　プロジェクトメンバーがこれから始まるプロジェクト作業の概要を掴んでおくのは重要です。そこで第 1 回目のプロジェクトミーティングで池上コンサルから事業戦略立案の手順についてレクチャーをしてもらうことになりました。

なお、このレクチャーには社長以下役員も参加しました。

〔ビジネス戦略のレクチャー〕

　企業の戦略には図表 1-3 の様な階層があります。全社戦略では自社の持つ経営資源をどの事業にどう振り向けるか、新規事業をどう育てるかなど

事業領域を超えた戦略を決めます。

　事業戦略はその事業が属する業界の動向や競合相手を念頭に置いた競争戦略となります。

　機能別戦略は販売網をどう構築するか、工場の配置をどのようにするか、などの機能単位の戦略を考えます。

今回は包装機事業の「事業戦略」を立案します。

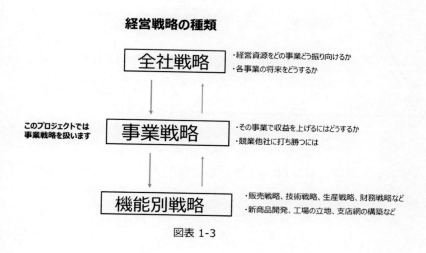

図表 1-3

事業戦略の立案から IT 活用までの手順は次のように進めていきます(図表1-4)。

　①経営環境が変化します

　②変化に対応するための新たな事業戦略を考えます

　③新たな事業戦略を実現するためには販売、製造などの業務もそれに応じて変革します

　④業務のやり方が変わるとそれを支援する情報システム（IT）も新たなも

のに変える必要があります

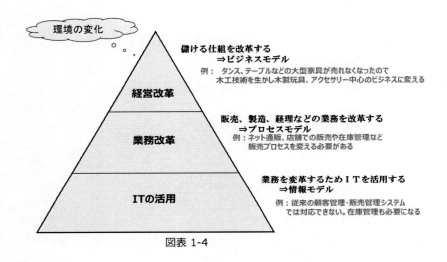

環境の変化

経営改革

業務改革

ITの活用

儲ける仕組を改革する
⇒ビジネスモデル
例： タンス、テーブルなどの大型家具が売れなくなったので
木工技術を生かし木製玩具、アクセサリー中心のビジネスに変える

販売、製造、経理などの業務を改革する
⇒プロセスモデル
例：ネット通販、店舗での販売や在庫管理など
販売プロセスを変える必要がある

業務を変革するためＩＴを活用する
⇒情報モデル
例：従来の顧客管理・販売管理システム
では対応できない。在庫管理も必要になる

図表 1-4

改めて事業戦略立案から IT 導入までの手順(一般形)を図表 1-5 で示します。

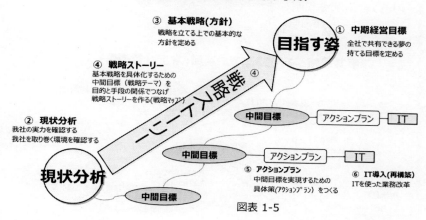

図表 1-5

①先ず「目指す姿」を定めます。通常は中期計画としてのゴールがそれに
　あたりますが、後ほど述べるように売上や利益の目標値だけを掲げたの
　では経営戦略の目標たり得ません。ポイントは全社で共有できる、頑張
　れば達成できる夢のある姿として描くことです。

②次に現状を分析します。分析手法はいろいろありますが、今回は SWOT
　分析を使います。

③次に現状から目指す姿に至る基本戦略(基本方針)を決めます。

④次に基本戦略を具体化する戦略ストーリーを描きます。戦略ストーリー
　は中間目標(戦略テーマ)が目的と手段の関係でつながった形で表現し
　ます。

⑤次に中間目標を実現するための業務改革案を立案します（アクションプ
　ラン）

⑥最後に業務改革案の中で IT を活用するテーマは IT 企画へと進めてい
　きます

一般的な手順は以上ですが、この手順を自由ヶ丘工業とは違う別の会社（木工会社）の具体例で説明します（図表1-6）。

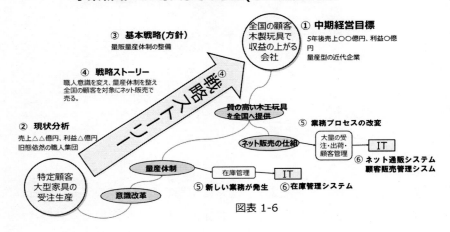

図表 1-6

① 全国の顧客を対象に木工玩具で収益の上がる会社を目指す
② 現状は大型家具を造る職人集団。その強みと弱みを分析する
③ 基本方針は量販量産体制とネット販売の整備
④ 戦略ストーリーは（職人意識変革）→（量産体制）→（量販体制）→（収益）
⑤ 顧客管理、生産管理、在庫管理などの業務を改革
⑥ ネット通販システム、顧客管理システム、在庫管理システムの整備

レクチャーの途中で特機事業担当の本田取締役から「当社では今まで中期経営計画として5年ごとに計画を立てて運用しているが今回の"事業戦略"とどう違うのか。中期経営計画と事業戦略の関係を説明してほしい」との

質問が投げかけられました。

〔コンサルタントの説明〕

　多くの企業で図表1-7の様な中期計画を作っています。

事業部ごとに方針を決め、毎年の売上数字と営業利益数値を定めます。

また年度ごとにその年の重点実施項目を定めます。

一見問題は無いように見えますが、中期計画としてはいろいろ不備があります。

よくある中期経営計画の例

		11期	12期	13期	14期	15期
A 事業　方針⇒利益優先	売上	50億円	52億円	54億円	56億円	58億円
	営業利益	1億円	3億円	5億円	6億円	8億円
	施策	設計変更の削減　多能工化　在庫削減	外注・資材費削減　多能工化　不動在庫削減			
B 事業　方針⇒売上優先	売上	5億円	7億円	10億円	14億円	17億円
	営業利益	0.1億円	0.1億円	0.5億円	0.7億円	1億円
	施策	仕入先の拡大　代理店網の拡大	在庫削減　開発期間の短縮			

✓ A事業を利益体質に変える"戦略ストーリー"が見えない！
✓ B事業の売上を高める"戦略ストーリー"が見えない！
✓ あるのは計画と言う名の願望数字と年度ごとの施策のみ！

計画あって戦略ナシ
戦略なき戦い　！

図表1-7

　先ず、A事業を利益体質に変えるための戦略ストーリーが描かれていません。B事業の売上を高める戦略ストーリーもありません。もし明記はされていないが、事業部長の頭の中にはある、と言うのであればそれらを明文化する必要があります。そうしないと年度毎の施策は現時点での"問題点対策"や戦略とは直接関係のない"いつもの課題"ばかりとなり、中期目標を達成す

るための"戦略的な課題"が採り上げられないか、採り上げられても単発的に取り上げられるだけで終わってしまいます。

　施策は三つに分けて考えます。①問題対策の為の施策、②製造業として常に行わなければならない施策、そして③戦略ストーリーに組み込まなければならない施策です。

　木製玩具を始めた会社の品質問題を例に考えてみます。もし昨年から塗装ムラが多発しているとしたら、①のテーマとして取り組みます。製造業として品質向上は常に取り組むものと考えて取組むなら②のテーマとして取り組みます。販売戦略上、高級感を出すために塗装品質をある一定の水準まで高めておかなくてはならない、と言うのであれば③のテーマとして取り組みます。もし戦略上とくに品質向上を戦略ストーリーに組み入れる必要がないのであれば戦略ストーリー上の施策にはしません。

　本田取締役の質問に対する回答としては、もし自由ヶ丘工業の中期経営計画が図表 1-8 のようなものであるならば、これに事業部ごとの戦略ストーリーを加え補強した新しい中期経営計画を作る、と言うことになります。両者の違いは戦略ストーリーのあるなし、です。

　池上コンサルの説明に本田取締役が納得し説明会が終了するかと思ったところ、今度は営業の山葉取締役から「変化の激しい時代に中長期の経営戦略は役立つのか？」という問いかけがありました。

それに対し池上コンサルは以下のように回答しました。

〔コンサルタントの回答〕

　変化の激しい時代、目標が立てづらい。計画立てても直ぐ狂ってしまうので意味がないのではないか？との声を経営者の方から聞くことがあります。変化の激しい時代では目標を定めたり、計画を立てたりすることは意味が

ないのでしょうか。

　そうではありません。図表 1-8 を見てください。どのような時代でも目標や計画と言う"判断基準"がないと経営管理そのものが出来なくなります。変化が激しく計画が合わなくなれば、適時見直し変えればよいのです。更に大きな変化があれば目標から変えればよいのです。

　どのような時代でも目標や計画がないと経営管理(マネジメント)そのものが出来なくなります。

『マネジメントサイクル PDCA のうち、P ナシでは CA が行えません』

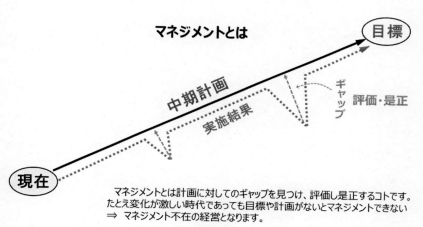

マネジメントとは

マネジメントとは計画に対してのギャップを見つけ、評価し是正するコトです。
たとえ変化が激しい時代であっても目標や計画がないとマネジメントできない
⇒　マネジメント不在の経営となります。

図表 1-8

〔レクチャーは以上〕

　以上の説明で山葉取締役は納得し事前学習は無事終わりました。

第2章

－事業戦略の立案－

事業戦略立案フェーズで行うプロジェクト作業は次の通りです(図表 2-1)。

第1フェーズ（事業戦略立案）のスケジュール

工程	4月	5月	6月	7月	8月
事前調査	────				
1．経営目標の明確化		▲ キックオフM			
2．現状分析			────		
3．基本戦略の策定			────		
4．戦略マップ立案				────	
5．アクションプラン策定				────	
6．経営管理体制への組込と運用方法の決定					────
7．戦略企画書の作成					────

図表 2-1

2-1 経営目標の明確化

　では包装機事業部の新たな事業戦略を図表 2-1 の手順に従って作って行きます。先ず当社の経営理念と経営目標(中期目標)を社長インタビューから聞き取って明文化します。演習問題 1 のワークシートを使います。

　「社訓」や「経営理念」は額に収め、朝礼で慣習的に唱和しているだけでは意味がありません。ビジョンとして会社の目指すべき方向を社員、取引先そして社会に対して宣言し社員皆で共有、共感するモノでなくてはなりません。改革プロジェクトの開始にあたって、先ずそれを確認していきます。

演習問題1： 経営理念・経営目標の明確化　（5分）

　自由ヶ丘工業のプロフィールを読んで経営理念と経営目標を枠内に記述してください。

経営理念・経営目標の明確化

経営理念	
経営目標 （5年後）	

なお、経営目標の明確化に当たっては以下の点をチェックしてください。

- ✓ 達成状況がイメージできる明確な表現になっているか
- ✓ 社員皆で夢が持てる目標となっているか
- ✓ 現実離れした目標になっていないか
- ✓ 皆が共有できるものか

演習問題 1 の回答

プロジェクトで確認した経営理念と経営目標は図表 2-2 になりました。

経営理念・経営目標の明確化

経営理念	・オンリーワンの技術で日本のモノづくりに貢献する ・お得意様、仕入先様と共に生き、共に栄える ・社員の物心両面の幸福を追求
経営目標 （5年後）	・年間売上：300億円 ・包装機事業での売上240億円 ・包装機事業の営業利益率：10% ・地域トップテンに入る給与水準の実現 ・包装機は差別化に成功し安定的に利益が出せる事業になっている

図表 2-2

【コンサルタントのコメント】

　経営理念、経営目標とも的確に把握しているので特にコメントはありません。

【コメントは以上】

2-2　現状分析

　経営目標が明確になりました。次は現状分析です。今回、現状分析をする目的は基本戦略を作る為の前準備として行います。現在の自社の状況（内部状況、外部環境）を知り最適な基本戦略を作る為に行います。今回もはじめに池上コンサルから現状分析の手順を詳しく解説をしてもらいます。

〔コンサルタントによる現状分析の解説〕

　現状分析には事業ドメイン分析や競争要因分析、またいわゆる財務分析などいろいろありますが、ここでは「事業ドメイン分析」→「競争要因分析」→「SWOT 分析」→「SWOT クロス分析」の順で分析を行っていきます。

2-2-1 事業ドメイン分析

　自社の事業の成り立ちを顧客軸（誰に）、機能軸（何を）、技術軸（どのように）の 3 軸の空間としてとらえます(図表 2-3)。当社の包装機事業のばあい顧客軸は全国の食品会社、製薬会社を中心に包装需要のある幅広い業種が顧客となります。

　ニーズ(機能軸)としては「早く正確に包みたい」、故障時には「迅速に修理してほしい」といったニーズ（機能軸）に応えています。

　技術軸はそれらニーズ（機能軸）に応える技術力、生産力と保守体制になっています。

　これで現在は 192 億円の売り上げがある、と考えます。

　ここでもし今まで拾えていなかった“省エネ機能”のニーズがあり、そこまで対応できるニーズ（機能軸）を広げたいと思ったとします。

　次にその省エネへの対応は今の能力で可能かどうかと判断します。可能でなければ次に技術軸もそれに応じて広げる（対応力をつける）必要があります。

　そして顧客軸は変わらないとすると、機能軸とそれに応える技術軸の拡張で売上を増加し、図表 2-4 の様なドメインの拡張となります（δ 部分）。

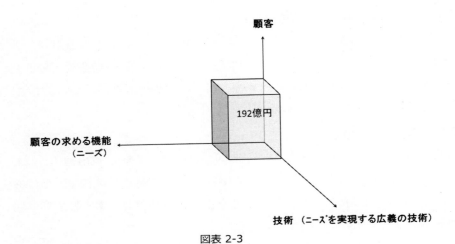

顧客

顧客の求める機能
（ニーズ）

192億円

技術 （ニーズを実現する広義の技術）

図表 2-3

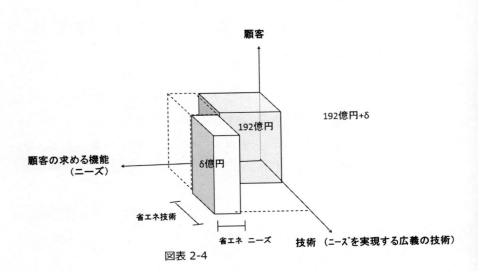

顧客

顧客の求める機能
（ニーズ）

192億円

δ億円

192億円+δ

省エネ技術

省エネ ニーズ

技術 （ニーズを実現する広義の技術）

図表 2-4

　このように事業ドメイン分析は事業領域を 3 軸の空間でとらえることにより、事業の選択と集中や、将来進むべき事業の方向性の判断に役立ちます。

また、事業ドメイン分析の"顧客"軸の分析によって自社の得意とする顧客層、不得手とする顧客層が分かります。

　"機能"軸の分析では市場で需要のある機能(ニーズ)、需要のない機能機能(ニーズ)が分かります。

　"技術軸"の分析では自社の技術の得手不得手が分かり、SWOT 分析の強み、弱みのヒントとなります。

　次に当社の高速運転の例で説明すると、包装機市場のニーズ軸で生産性向上要求が高まっています。

　当社の包装機は高速運転が可能なので図表 2-5 のβ部分は取込めています。しかし販売技術(高速運転をアピールする能力)に欠けるのでγ部分は取りこぼしています。高速運転技術は強みですが、販売技術が弱みとなっています。

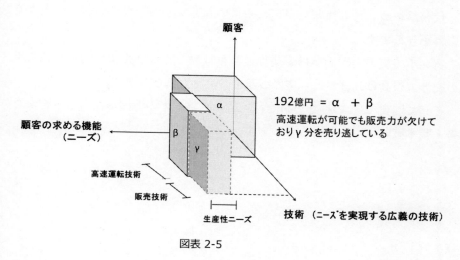

図表 2-5

2-2-2 競争要因分析

外部環境分析としてポータの5フォースがあります。ここでは業界の競争特性を次の5つの要因で分析します(図表2-6)。

・新規参入の脅威
・代替品による脅威
・買い手の交渉力
・売り手の交渉力
・業界内の競争の激しさ

その業界に新たに参入し競争相手となる企業が現れるかどうかは、参入障壁の高さに依ります。

壁が低く容易に参入できる場合には競争が激しくなりそのような前提で戦略を立てねばなりません。

代替品についても代替品が現れやすいかどうかが業界内の競争に大きく影響を与えます。

買い手の交渉力が高いほど業界の競争は激しくなります。同様に売り手の交渉力が高ければこれも業界の競争激化をもたらします。

そして図表 2-7 の様な分析を行い競争戦略上どの要因に注力すべきかを考え基本戦略策定上の情報とします。

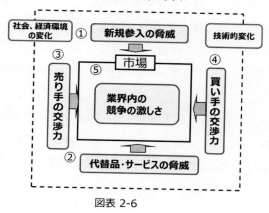

ファイブフォース＋

社会、経済環境の変化

① 新規参入の脅威

技術的変化

市場

③ 売り手の交渉力

⑤ 業界内の競争の激しさ

④ 買い手の交渉力

② 代替品・サービスの脅威

図表 2-6

ファイブフォースの検討項目

例えば以下のような項目をチェックして基本戦略策定の情報とする

業界内の競争の激しさ

業界内の敵対関係が強ければ競争は激しくなる
・同業者は多いか少ないか
・業界の成長速度は速いか遅いか
・競争相手が敵対的な戦略を採っていないか

売り手（供給者）の交渉力

売り手の交渉力が高いほど競争は激しくなる
・供給業者は寡占化していないか
・他の製品で代替がきくものがあるか
・売り手にとって買い手は重要な顧客か

買い手の交渉力

買い手の交渉力が高いほど競争は激しくなる
・買い手は少数で取引全体に占める割合が大きいか
・買い手が取引先を変更するコストは大きいか
・買い手は商品やサービスに対する情報を十分持っているか

新規参入の脅威

参入障壁が低いほど競争は激しくなる
・新規参入に大きな投資が必要か
・事業を維持するのに高い固定コストが必要か
・参入に法規制はあるか

代替品・サービスの脅威

代替品が多いほど競争は激しくなる
・目的や機能が似たような代替品はあるか
・その代替品は価格や性能が現行品より優れているか
・その代替品は高収益を上げている会社で作られているか

図表 2-7

また現状の競争要因だけでなく、これら５つの要因の今後の変化も検討します。その際には５フォースだけでなく、社会環境の変化、技術の発展状況なども考慮し、それらを基本戦略策定上のインプット情報とします。

　こうして得られた情報はSWOT分析の機会、脅威欄のヒントとなります。当社の包装機事業の場合は５フォースのうち、新規参入や代替品の脅威は少なく、買い手の交渉力や売り手の競争力もそれほど強くありません。

　しかし、業界内の競争の激しさは本山機械が「何でも聞く営業」で攻勢をかけてきているので大変激しくなっています。この点は最重要の要因として基本戦略を考える必要があります。またこのほか社会環境の変化、技術的発展の側面も含めて考慮すべき要因は図表2-8の様にまとめられます。

外部環境の変化

1.競争環境の変化	・ 本山機械の安値攻勢
2.顧客の変化	・機械の生産性を重視する企業が増えてきた ・新規投資の機運が出てきている ・予防保守に対するニーズが出てきている ・価格に対する要求は相変わらず厳しい
3.仕入先の変化	・経営者の高齢化で廃業する仕入先が増えてきた
4.技術の変化	・AI、IoTなど新しいITの発展
5.社会・政治環境の変化	・IT投資に対する様々な投資促進策が出てきている

図表 2-8

2-2-3 SWOT 分析

　SWOT 分析は、自社の技術、ブランド力、資産、価格競争力などの内部要因を”強み”と”弱み”に分け、また競合の状況や市場トレンド、業界環境と

いった自社を取り巻く外部環境を"機会"と"脅威"に分け分析するものです。

強み、弱みとして挙げられる要因の例としては
・ブランド力
・価格や品質
・技術力
・立地
・組織能力
・投資能力
・人材
等があります。

　優れた製品を持つっている場合、それを強みとして選びたくなりますが、製品は結果であり、強みの要因として挙げるのは「製品」ではなく優れた製品をつくりだす「技術力」や「組織能力」です。また強み弱みを挙げるにあたって注意すべきは主観的に決めない、と言うことです。
　競争戦略としての基本戦略を策定するために行う現状分析ですから"競争相手"に比べてその要因が強いか弱いかを判断し選ばなくてはなりません。競争相手が明確でない場合であっても「仮想敵国」を想定し、その会社より強いか弱いかを判断します。ただし戦略としていわゆるブルーオーシャン戦略(※2-1)を採る場合には競争相手を意識することなく、新しい事業分野に進出するための"種"があればそれを強みとして記述するようにします。

(※2-1)：ビジネス領域を競争相手のいない未開の分野に求める経営戦略

機会、脅威として挙げられる要因の例としては

・顧客や市場

・仕入先の状況

・社会環境

・競合相手の状況

・内外の経済環境

・社会環境

・法規制

等があります

　日本社会の抱える大きな課題として「少子高齢」の問題があります。殆どの企業にとってこれは"脅威要因として挙げられます。

　ベビーカーを作っている会社の場合は、生まれる子供がどんどん減ってくるわけですので明らかに"脅威要因"としてカウントされます。しかし、本当にそうでしょうか。

　もしこの会社がベビーカーの製作技術を応用してシニアーカーを作ろうとしていた場合はどうでしょうか。

　老齢人口が増えるわけですから今度は""機会要因"となります。注意すべきは同じ要因でも、その会社がどの様な事業戦略を持つかによって機会要因にも脅威要因にもなりうる、と言うことです。

　この後で行うクロス分析に際しては、このような要因は両方に入れておくのがよいでしょう。

〔コンサルタントの解説は以上〕

池上コンサルの解説の後、プロジェクトでは

（事業ドメイン分析）→（外部環境分析）→（SWOT 分析）の順で分析作業を行います。

演習問題2：事業ドメイン分析 (10分)

　包装機事業の事業ドメイン分析を行います。表には既にいくつかの分析結果が載っています。自由ヶ丘工業のプロフィール及び役員ヒアリングを読んで「？」の箇所に追加してください。

現在、これで192億円売り上げている

項目		内　　容
顧客		● ？ ●数は少ないが海外は代理店経由の販売を行っている
ニーズ （機能）		●食品製造、薬品製造の現場環境を理解して設計してほしい ● ？ ● ？
能力 （技術）	経営・財務力	●社長の変革意欲とそのリーダーシップ
	営業力	●客の要望をよく聞く体質 ● ？
	技術力	●新技術へのチャレンジ精神がある ● ？ ● ？
	製造 サービス力	●長年蓄積した受注生産型の製造ノウハウ ● ？
	人材・組織能力	● ？

演習問題 2 の回答

現在、これで192億円売り上げている　　　　　　　　図表 2-9

項目		内　　容
顧客		●**国内の食品メーカー、薬品メーカーなど** ●数は少ないが海外は代理店経由の販売を行っている
ニーズ（機能）		●食品製造、薬品製造の現場環境を理解して設計してほしい ●**予防保守により機械の生産性を高めたい（未達）** ●**他社と同等または安い価格で提供してほしい　（未達）**
能力 （技術）	経営・財務力	●社長の変革意欲とそのリーダーシップ
	営業力	●客の要望をよく聞く体質 ●**トップシェアの実績と長年築いてきた顧客との信頼関係**
	技術力	●新技術へのチャレンジ精神がある ●**高速運転が可能な機械が作れる** ●**ベテラン技術者が多い**
	製造 サービス力	●長年蓄積した受注生産型の製造ノウハウ ●**充実した保守サービス**
	人材・組織能力	●**品質を重視する体質**

プロジェクトによる分析結果は図表 2-9 の様になりました。

【コンサルタントのコメント】

現在は

・日本全国の食品メーカー薬品メーカーを顧客とし

・ベテラン技術者が食品、薬品工場の現場を熟知したうえで機械を設計し

・充実した保守サービスで顧客の信頼を得て

・トップシェアの実績を維持している

以上により 192 億円の売り上げを上げている、と理解できます。今後は、生産性を高めたい顧客のニーズをくみ取り、また価格面でも競争力をつければ、売上増も可能です。

【コメントは以上】

演習問題3：外部環境分析　（10分）

　次は外部環境分析です。ここでは、5force の枠組みを使って自由ヶ丘工業を取り巻く外部環境の変化を分析します。「?」の箇所を埋めてください。なお、今回は新規参入と代替品の脅威はないものとします。

【新規参入者】

【供給者】
・小規模業者の廃業
・?
・?

【競争者】
・?

【顧客】
・新規設備投資の機運が出てきた
・?
・?
・?

【代替品・代替サービス】

【その他】　・?

演習問題 3 の回答

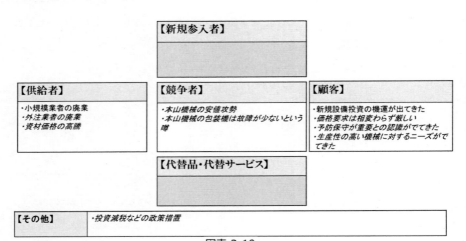

【新規参入者】

【供給者】
・小規模業者の廃業
・外注業者の廃業
・資材価格の高騰

【競争者】
・本山機械の安値攻勢
・本山機械の包装機は故障が少ないという噂

【顧客】
・新規設備投資の機運が出てきた
・価格要求は相変わらず厳しい
・予防保守が重要との認識がでてきた
・生産性の高い機械に対するニーズがでてきた

【代替品・代替サービス】

【その他】　　・投資減税などの政策措置

図表 2-10

プロジェクトによる分析結果は図表 2-10 になりました。

【コンサルタントのコメント】

　要因を列挙するだけでなく、その要因をどうとらえて今後の戦略に反映させるかを考えます。

・食品業界も薬品業界も補助金や投資減税のおかげで少しずつではあるが新規設備投資の機運が出てきている　→この機会を捉えたい

・価格面での顧客要求は相変わらず厳しい　→価格政策は重要

・最近は、機械に対する要求として安全衛生面に加え高い生産性ニーズも出てきた　→この際、当社機械の生産性の高さを戦略的にアピールしたい

・予防保守に対する認識が変わってきた　→予防保守をやりたい

・本山工業の安値攻勢は脅威　→直近では一番の脅威

・外注業者の廃業問題は頭が痛い　→対策が難しい

・資材の高騰　→絶え間のないコストダウン努力

以上の様に考えます。

【コメントは以上】

演習問題4：SWOT分析　（15分）

　SWOT分析表に自由ヶ丘工業の包装機事業の強み、弱み、機会、脅威を記述しなさい(計10点程度)。なお、各枠内には予め1例ずつヒントが記述されています。

強み	弱み
◆チャレンジ精神がある ◆ ◆ ◆ ◆	◆営業マンが製品を売り込む力が弱い 　（高速運転のメリットが顧客に届いていない） ◆ ◆ ◆
機会	脅威
◆新規設備投資 ◆ ◆ ◆ ◆	◆本山機械の何でも聞く営業（安値攻勢） ◆ ◆

演習問題４の回答

　ではプロジェクトでの分析結果を図表 2-11 に示します。

強み	弱み
◆チャレンジ精神がある ◆投資余力がある ◆高速化技術がある ◆保守サービスが充実している ◆標準化によりコスト低減力が付いてきた	◆営業マンが製品を売り込む力が弱い 　（高速運転のメリットが顧客に届いていない） ◆競合に対し価格が高めである ◆MTBF(平均故障間隔) で負ける ◆先端IT(AI、IoT、５G)の人材不足
機会	脅威
◆新規設備投資の機運が出てきた ◆機械の生産性を重視するお客が増えた 　（高速性能は有利） ◆予防保守のニーズが高まっている ◆価格要求は相変わらず厳しい ◆先端IT(AI、IoT、５G)の発達と普及	◆本山機械の何でも聞く営業（安値攻勢） ◆価格要求は相変わらず厳しい ◆廃業する外注先が多くなった

図表2-11

【コンサルタントのコメント】

　「価格要求は相変わらず厳しい」は機会と脅威の両方には入っています。これは、一般的には「脅威」要因と思われますが、「機会」側にも入れてあるのは、当社はコストダウンにある程度成功したので価格競争は勝てる、の考えに立って「機会」側にも入れたと思います。しかし価格競争は受けて立つ立場であり仕掛けた側ではないので、ここはやはり脅威要因にだけ入れておいた方がよいでしょう。あとは、ほぼ適切な分析になっています。

【コメントは以上】

現状分析が終わったのでいよいよ基本戦略の作成に進みます。

2-3 基本戦略の策定

　今回も初めに池上コンサルから基本戦略とは何か、どのように決めてい
ったらよいかについて解説をしてもらいます。

〔コンサルタントの解説〕

　ビジネス戦略を作るにあたって、いきなり戦略ストーリーを作ることは
如何に優れた経営者でも難しく、先ずは基本戦略の策定から入ります。

　経営目標への道筋は図表 2-12 のように幾通りも考えられます。このうち
どの道を選択するのかを決めるのが基本戦略の策定になります。通常、「我
社の戦略はこれだ」、と言った場合この基本戦略のことを指します。ですか
ら、事業戦略作りの中で最も重要な工程でありここを間違えると全体がお
かしな戦略になってしまいます。

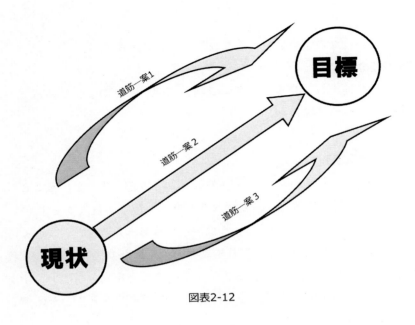

図表2-12

　登山に例えた図で説明します(図表 2-13)。経営目標は登りたい山に相当
します。富士山に登るのか御岳山に上るのかは経営者の意思として決めら
れます。次に登る山は一つでも登山ルートは通常は幾通りもあります。距離
は長いがなだらかで比較的安全なルート、距離は短いが急峻な道がつづく
ルート、難所が一ヶ所あるがそこをクリア出来れば比較的楽なルートなど。
こうした複数のルートの中からメンバーの体力や装備やこの山の環境を勘
案し最善のルートを選びます。このルート選びが基本戦略となります。
　売り上げを 5 年で倍増させる目標を立てた場合、地道な顧客開拓で倍増
させる方法、資金力に任せて他社を買収して倍増させる方法、また製品開発
に力を入れヒット商品を作って倍増させる方法などいろんな方策が考えら
れますが、こうした基本的なやり方を決めることが基本戦略となります。

基本戦略の策定

経営目標：御在所岳に登る （5年後売上倍増）

基本戦略：どのルートを取るか
（安全な道／最短コース／難所コース）

課題

課題

課題

課題

道は長いが
安全な道

（地道な顧客開拓）

最短距離だが
急勾配の道

（企業買収）

瓦礫が多い難所がある
ただし、ここをクリアー
すると一気に登れる
（強力ヒット商品で打って出る）

この山の環境や
自分たちの実力
を考え決める

図表 2-13

2-3-1 SWOT クロス分析による基本戦略候補の導出

　　SWOT クロス分析は SWOT 分析の内部分析（強み、弱み）および外部分析(機会、脅威)で挙げられた要因をヒントとして基本戦略のアイデアを導き出す手法です。

それは次のように行います。
・自社の強みを生かして機会をものにするアイデアは（強み×機会）
・自社の強みを生かして脅威を回避するアイデアは（強み×脅威）
・弱みを克服し機会をものにするアイデアは（弱み×機会）
・弱みと脅威が相まって起こる事態を回避するアイデアは（弱み×脅威）
〔コンサルタントの解説は以上〕

　　では具体的に自由ヶ丘工業の包装機事業の新しい基本戦略を作って行きます。先ず SWOT クロス分析で基本戦略の候補を幾つか出します。但し、

今回の場合は 1 から戦略を考えるのではなく、現在の戦略のままだと本山機械に負けてしまうので現在の戦略を補強するような追加戦略を考えます。

　先ず、現在の戦略とその何が問題かを図表2-14で再確認してみましょう。この図の斜文字で書かれているのが問題点です。

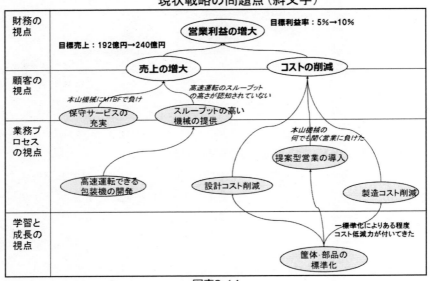

図表2-14

　では実際に包装機事業の新たな基本戦略をSWOTクロス分析で考えてみましょう。

演習問題 5：SWOT クロス分析 （20 分）

　クロス枠内に基本戦略の候補を考え記述してください(10 点程度)。
SWOT クロス分析の外、プロジェクトによるブレーンストーミングなども
考えられますが、SWOT クロス分析を使うことによって思い付きのアイデ
アではなく、より競争環境に即したよい基本戦略の候補が導き出されます。

	機会 ◆新規設備投資の機運が出てきた ◆機械の生産性を重視するお客が増えた ◆予防保守のニーズが高まっている ◆先端IT(AI、IoT、5G)の発達と普及	脅威 ◆本山機械の何でも聞く営業 　　　　　　（安値攻勢） ◆価格要求は相変わらず厳しい ◆廃業する外注先が多くなった
強み ◆チャレンジ精神がある ◆投資余力がある ◆高速化技術がある ◆保守サービスが充実している ◆標準化によりコスト低減力が付いてきた		
弱み ◆営業マンが製品を売り込む力が弱い (高速運転のメリットが顧客に届いていない) ◆競合に対し価格が高めである ◆先端IT(AI、IoT、5G)の人材不足 ◆MTBFで本山機械に負ける		

演習問題 5 の回答

では次にプロジェクトでの検討結果を図表 2-15 に示します。

	機会 ◆新規設備投資の機運が出てきた ◆機械の生産性を重視するお客が増えた ◆予防保守のニーズが高まっている ◆先端IT(AI、IoT、5G)の発達と普及	脅威 ◆本山機械の何でも聞く営業 　　　　　　　　（安値攻勢） ◆価格要求は相変わらず厳しい ◆廃業する外注先が多くなった
強み ◆チャレンジ精神がある ◆投資余力がある ◆高速化技術がある ◆保守サービスが充実している ◆標準化によりコスト低減力が付いてきた	・高速運転によるスループットの良さをアピールする営業活動を行う ・先端ITを利用した予防保守システムを開発し投入する	・コスト低減を一層進め顧客の価格要求に応える ・本山機械の仕入先を傘下に組み入れる ・廉価版のマシンを投入し本山機械の安値攻勢に対抗する
弱み ◆営業マンが製品を売り込む力が弱い (高速運転のメリットが顧客に届いていない) ◆競合に対し価格が高めである ◆先端IT(AI、IoT、5G)の人材不足 ◆MTBFで本山機械に負ける	・当社機械の生産性の良さをアピールする営業を行う ・先端IT人材を養成し新技術を製品に取込む ・標準化を一層進め品質の安定化を図りMTBFを改善する	・機能性能重視の顧客に注力し価格競争を避ける ・提案営業をやめ当社も「何でも聞く営業」を始める

図表 2-15

【コンサルタントのコメント】

では皆さんの作った回答を順にみて確認していきましょう。

先ず【強み×機会】枠を見ていきます。

2 つの案が挙げられています。

　1 つは「高速運転によるスループットの良さをアピールする営業活動を行う」という案です。高速運転が出来る包装機は本山機械にはなく差別化できる強力な武器ですが市場での認知度が低く思うようには売れていません。そこで今回、高速性能が顧客の生産性をあげるのに如何に有用かを PR し認知度を高めるというのがこの案です。

　次の「先端 IT を利用した予防保守システムの開発・市場投入する」案は予防保守のニーズが高まっていることを考えると、この案が実現した場合

大きな差別化要因となります。

【弱み×機会】枠を見ていきます。

「当社製品の生産性の良さをアピールした営業を行う」案が挙げられています。当社の営業マンは今まで当社の標準機をベースとした提案営業を行ってきましたが現時点では売込み力が弱く本山機械の「何でも聞く営業」に負けてしまっていますので何らかの対抗策を考える必要があります。

　そこで当社機械の"生産性"の良さを強く売り込む営業戦略を行おうと言うわけです。

「先端IT人材を養成し新技術を製品に取込む」案は「先端ITを利用した予防保守システムの開発・市場投入する」案につながる案となっています。「標準化を一層進め品質の安定化を図りMTBFを改善する」案は従来から進めてきた「標準化」をコスト面だけでなく品質安定の手段としても使い本山機械に負けているMTBFを改善しようという案です。

【強み×脅威】枠を見てみます。

「コスト低減を一層進め顧客の価格要求に応える」案があります。これは本山機械の安値攻勢に真正面から立ち向かう戦略ですが、単に売価を安くするだけでなくコスト競争力をつけて受注競争に勝つ戦略として挙げられています。

「本山機械の仕入先を傘下に組み入れる」案は当社の資金力を生かし外注先不足を補う案です。しかも本山機械を弱体化する戦略にもなりますが軋轢が大きくなりますのでこの案を採るかどうかは慎重にする必要があります。

「廉価版のマシンを投入し本山機械の安値攻勢に対抗する」案は当社のブランドを傷つける恐れがあり実現性が薄い案です。

【弱み×脅威】枠を見てみます。

　先ず「機能性能重視の顧客に注力し価格競争を避ける」案がありますが、

この戦略では目標とする売上達成は難しくなり採用するわけにはいきません。「提案営業をやめ当社も何でも聞く営業」を始める案はどうでしょうか。値引き競争に陥り本山機械と共倒れになりかねません。

　現状分析結果を基本戦略への反映させるときの考え方を図表 2-16 に示しておきます。

現状分析と基本戦略への反映

１．事業ドメイン分析(内部分析)
　　現在、誰にどんなモノ、サービスを売って生きているか ➡ 今後どのようなドメインで生きていくか

２．外部環境分析（5 Force）
　　顧客や取引先、競争相手などとの力関係は現在どうか。今後はどうなるか
　　　　　　　　　　　　　➡ 関係企業との相対的な力関係が強くなる戦略とは

３．SWOT分析（SW）
　　その商売を行っている中で何を強みとしているのか。また逆に弱みは何か ➡強みを生かす戦略とは
　　　　　　　　　　　　　　　　　　　　　　　　　　　　　➡弱みが弱みとならない戦略とは

４．SWOT分析（OT）
　　その商売を行っている中で何か機会(チャンス)となる要因はあるのか。また逆に脅威となる要因はあるのか
　　　　　　　　　　　　　　➡機会を生かす戦略とは
　　　　　　　　　　　　　　➡脅威を回避する戦略とは

図表 2-16

【コメントは以上】

2-3-2 基本戦略の決定

　次は SWOT クロス分析の結果を基に基本戦略を決定します。
先ず、挙げられたアイデアの中からこれは事業戦略上の要になると思われる案を軸にし、その他の案も含めて基本戦略を作ります。

　ここで読者にプロジェクトの一員として SWOT クロス分析結果を基に基本戦略案を考えてもらってもいいのですが、そうすると回答に自由度がありすぎて演習問題として次につながりません。そこで今回はプロジェクトで下記の様な基本戦略を決めたとして話を先に進めていきます。

＜基本戦略＞

『高速運転性能と先端 IT を使った予防保守システムの 2 本柱で当社機械の圧倒的な生産性をアピールする。さらに価格面でも本山機械に対抗できる価格にして販売競争に打ち勝つ』

演習問題は基本戦略をそのよう決めた理由を考えてもらうことにします。

演習問題 6 ：基本戦略の決定 （15 分） プロジェクトでは SWOT クロス分析の結果を基に包装機事業の基本戦略を次のように決めました。
その理由を箇条書きにして下さい。

基 本 戦 略（基本方針）
高速運転性能と先端 ITを使った予防保守システムの2本柱で当社機械の圧倒的な生産性をアピールする。さらに価格面でも本山機械に対抗できる価格にして販売競争に打ち勝つ
理由

演習問題6の回答

<table>
<tr><td colspan="1">

基　本　戦　略（基本方針）

高速運転性能と先端ITを使った予防保守システムの2本柱で当社機械の圧倒的な生産性を
アピールする。さらに価格面でも本山機械に対抗できる価格にして販売競争に打ち勝つ

理由
・高速運転が生産性を高め顧客にとってメリットが大きいのに売れていない（アピール不足）
・故障による機械の停止時間を出来るだけ短くし生産性を落としたくないというニーズがある
・故障する前に予防保守が出来れば、機械の可動率が上がる（MTBFで本山機械に勝る）
・IoT、AIなど上記を実現できる技術が出てきた
・本山機械に対し非価格競争面で圧倒的な差をつけたい

・また本山機械が安値攻勢をかけてきているので、価格面でも対抗する必要がある
・標準化によるコスト低減の効果を顧客にも還元する

</td></tr>
</table>

図表 2-17

【コンサルタントのコメント】

　戦略立案時点では正解はありません。結果が出て初めて正解／間違って
いた、となります。従って、この時点ではプロジェクトで作った戦略がいか
に説得力を持っているか、持っていないかが重要です。

　その点から考えて、今回の回答である「理由」は適切なものが挙げられて
いると思います。

【コメントは以上】

　基本戦略が決まりましたのでプロジェクトリーダーの高杉部長より社長、
役員に対しプレゼンを行うことになりました。

　基本戦略は会社としての意思を表すものですので社長以下経営トップの

考えを十分反映したものにしておく必要があります。

　今回は幸い社長、役員皆このプロジェクト案に賛同してくれましたので
この基本戦略をベースに戦略ストーリー作りを進めていきます。

2-4　戦略マップ（戦略のストーリー）の作成

　戦略マップ(戦略のストーリー)を作るのは基本戦略の策定に続く 2 つ目
の山場です。先ず池上コンサルから戦略マップ作成についての解説をして
もらいます。

〔コンサルタントの解説〕

　戦略マップとは図表 2-18 のように中間目標(戦略テーマ)が目的と手段の
関係で繋がり最後に経営目標に至る筋書きを描いた図のことです。

　先の木工メーカーを例にして説明します(図表 2-18 の右図)。基本戦略は
「主力商品を高級家具から木製玩具に切替え全国を対象に売り上げを上げ
る」ことです。

　その為には「良質の木製玩具を全国のお客に提供する」必要があります。
更にその為には「大量生産の技術を獲得」して玩具を大量に作らなくてはな
りません。

　更にそのためには「職人さんのモノづくりに対する意識（コスト意識など）
を変える」ことも必要になってきます。

　また販売方法も店頭による対面販売からネットによる販売に変えていか
ねばなりません。

　その為には「購入しやすいネット販売の仕組を構築」する必要があります。
更にこの課題を実現するためには、現在持っていない「ネッツ販売のノウハ
ウも獲得」しなければなりません。

ここでストーリーを構成する「良質玩具の提供」「良質玩具の量産」「職人さんの意識改革」など一つ一つ（図の楕円）は実現しなければならない課題で経営目標に至るまでの中間的な目標になっています。

　経営目標に至る中間目標(戦略テーマ)を 4 つのカテゴリーに分けて戦略ストーリーを作る方法は BSC(バランススコアーカード)で使われる方法で、今回はこの枠組みを利用しています。BSC ではこの図を戦略マップと言います。以下この本でも戦略マップと言う名称を使っていきます。
　4 つの枠組みを利用するとストーリーが作りやすいのですが、その理由は後ほど述べます。

ここでは、4 つの視点にどのような中間目標(戦略テーマ)を選べばよいかを説明します。
【財務の視点】
　経営目標実現のための利益率の向上、原価低減など財務面で達成しなければならないテーマを選びます
【顧客の視点】
　価格のダウン、納期の迅速化など顧客にとって価値のあるテーマを選びます。
【内部プロセスの視点】
　営業チャネルの再編、在庫回転率の向上など社内の業務プロセスを改革改善するテーマを選びます
【学習と成長の視点】
　人財育成、研究開発など将来に向けて種まきしておかなければならないテーマを選びます

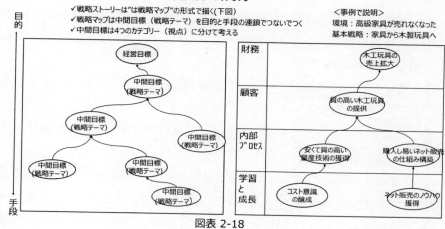

図表 2-18

　戦略ストーリー(=戦略マップ)がどのようなモノであるかが分かったところで、次はこの中間目標（戦略テーマ）をどうやって見つけ、どうやってストーリー化していくかです。では、その方法（戦略マップを作る方法）を説明します。方法はいろいろありますが、2つの方法を示します。

　ここまでは戦略マップを構成する要素を"中間目標（戦略テーマ）"と表記してきましたが、以降は"戦略テーマ"と表記します。

＜方法１＞

①SWOT クロス分析などで戦略の要となる戦略テーマを見つけ、それを戦略マップ上に配置します。なお、この要となる戦略テーマを CSF(※2-2)と言います。

②次にその戦略テーマ（CSF）を実現する"手段"となる戦略テーマを見つけ、先の戦略テーマの下位において線で結びます。

③こうして次々に下位(手段)の戦略テーマを見つけていきます。1つの戦略テーマに対して手段となる戦略テーマが複数になる場合もあります。

④その作業を続け、これ以上はないと思ったらそこで下位展開は止め、最初のCSFの戦略テーマに戻ります。

⑤今度は上方へこの戦略テーマの目的は何か、と考え、その目的となる戦略テーマを上位に配置し線で結びます。

⑥これも下位展開とおなじように進め、経営目標に至ればそれで終了です。

　この方法は一般的に使われている方法ですが、実際に行ってみるとそれほど簡単ではありません。先ずＣＳＦを見つけるのが大変です。ＣＳＦをスタート地点にストーリーを作って行くので、それを間違えるとおかしな戦略マップ（実際に使えないか、戦略とは言えない陳腐なストーリー）が出来上がります。

　しかし、ＣＳＦと言う考え方は重要で、このＣＳＦがうまく見つかり且つそれを実現する、熱意と能力があればよい戦略が出来上がります。

　ではどう言ったテーマがＣＳＦになるかですが、それは「業界ではそれを実現するのが難しいと言われているが、それが実現出来た暁には他社に圧倒的な差が付けられ優位に立てる・・・何か」がそれです。

　他社に「まさかそんなことが」でも「なるほど」そんな工夫と努力をしたのか、と言わせることです。世に成功したビジネスモデルと言われるものには、結構これはありまね。しかし、実際問題としてプロジェクトチームでこのＣＳＦを決めるのは難しいです。業界の常識を超えるテーマを"皆で議論して決める"ことは容易ではありません。これはと思うＣＳＦがアイデアとして出た後は、まず経営者としっかり議論をし、経営者の覚悟を得たうえで、そのＣＳＦをベースにしたストーリー作りに進んでください。

（※2-2）CSF は Critical Success Factor（重要成功要因）の略です

＜方法2＞

①図表 2-19 の様な表を作り、この基本戦略を実現するために我が部門は何をすればよいかを考えます。図の A、B、C・・・など。

②そして考え付いた戦略テーマを表の中に記述します。また部門ではなく全社で取り組まなければならない課題もあり得ますので、それは全社枠に入れます。

③複数の部門での取組になる課題は複数の部門枠に同じ課題を入れておきます。

④次にそれらの戦略テーマを取捨選択、また必要ならば追加して戦略マップの４つの視点が書かれた表に移します(図表 2-20)。戦略ストーリーを想定しながらこの作業を行います。

⑤最後に図表 2-20 の戦略テーマを目的－手段の関係を考えてストーリーとして整理し、更に追加、修正、削除を行い戦略マップとして完成させます。

	新しく追加した基本戦略: 高速運転性能と先端 ITを使った予防保守システムの2本柱で当社機械の圧倒的な生産性をアピールする。さらに価格面でも本山工業に対抗できる価格にして販売競争に打ち勝つ		
企画管理本部	A		
営業本部	B	C	D
技術部門	E	F	
調達部門	G		
製造部門	H	I	
サービス部	B	J	
情報システム室	B	K	L
全社	M		

図表 2-19　　　A、B……M は中間目標（候補）

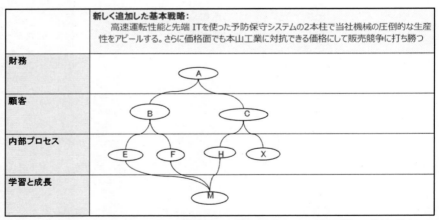

図表2-19の中間目標のうちD、G、I、,J、K、.Lは戦略ストーリー構成上そぐわないとして外れ、新たにXが追加された

図表 2-20

（戦略マップもどきに注意）

戦略ストーリーを作るとき、経営目標を上部から下部へと各部門に割り振っただけでは戦略ストーリーとは言えませんので注意してください。

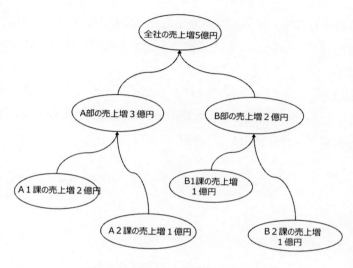

これは戦略ストーリーではない!!

〔コンサルタントの解説は以上〕

当プロジェクトでは、部門ごとならアイデアがだしやすいということで方法２を使うことになりました。

　検討の結果様々な戦略テーマが挙がりました（図表2-21）。この中には既に今までの戦略でテーマとなっている戦略テーマも幾つか挙げられています。
　また、基本戦略からかけ離れた思い付きのアイデアもたくさん含まれています。そうしたテーマは排除し、基本戦略の考え方に沿ったもので且つ重要と思われる戦略テーマを抽出して"候補"とします。

演習問題7：戦略テーマ(候補)の導出　（15分）

　プロジェクトで検討の結果、図表2-21の様に多くのアイデアがだされました。このうち基本戦略に沿っているテーマに○をつけ、基本戦略から外れていると思われるテーマ×印をつけてください。表現が拙い場合も×印をつけてください。

基本戦略	高速運転性能と先端ITを使った予防保守システムの2本柱で当社機械の圧倒的な生産性をアピールする。さらに価格でももとやまこうぎょう本山機械に対抗できる価格にして販売競争に打ち勝つ

《 企画管理本部 》
1. 同業他社の買収(3番手メーカーの) (　)
2. 余剰人員の削減 (　)
3. 資産を売却し、リースにする (　)
4. 本山機械に対抗できる価格まで下げる (　)
5. 教育プログラムの充実 (　)
6. 本山機械の買収 (　)
7. 当社の優位性をもっとアピール (　)
8. 標準化によるコスト低減をプライスダウンへ (　)
9. 従業員の志気向上 (　)

《 営業部本部 》
10. 上得意先への営業強化 (　)
11. 売掛回収期間の短縮 (　)
12. 提案型営業の導入 (　)
13. 顧客メリットを訴求する営業 (　)
14. 販売機種を絞り込む (　)
15. 生産性の高い包装機の提供 (　)
16. 高速運転によるスループット向上をPR (　)
17. 営業部員の増員による営業強化 (　)
18. 予防保守サービスの提供 (　)
19. 低価格での提供 (　)

《 技術部門 》
20. 設計コストの削減
21. 筐体・部品の標準化
22. 高速運転できる包装機の開発
23. 時代に対応できる新技術の習得 (　)
24. 3次元CADの導入による設計作業の生産性向上 (　)
25. 先端ITを使った予防保守の仕組構築 (　)
26. 先端IT人材の確保(　)

《 調達部門 》
27. 取引先への単価見直し要請(15%ダウン) (　)
28. 外注と一体化したコスト低減活動 (　)

《 製造部門 》
29. 製造コスト削減
30. 出荷時の完成度アップ (　)
31. 生産能力の増強 (　)

《 サービス部 》
32. 保守業務管理システムの構築 (　)
33. 予防保守体制の構築 (　)

《 情報システム室 》
34. 基幹システムの再構築(損益の見える化) (　)
35. 在庫管理システムの改良 (　)

図表2-21

演習問題 7 の回答

プロジェクトでは出されたアイデアを次のように分類整理しました。

基本戦略	高速運転性能と先端 IT を使った予防保守システムの2本柱で当社機械の圧倒的な生産性をアピールする。さらに価格でももとやまこうぎょう本山機械に対抗できる価格にして販売競争に打ち勝つ

《企画管理本部》
1. 同業他社の買収（3番手メーカーの）（X）
2. 余剰人員の削減（X）
3. 資産を売却し、リースにする（X）
4. 本山機械に対抗できる価格まで下げる（〇）
5. 教育プログラムの充実（X）
6. 本山機械の買収（X）
7. 当社の優位性をもっとアピール（X）
8. 標準化によるコスト低減をプライスダウンへ（〇）
9. 従業員の志気向上（X）

《営業部本部》
10. 上得意先への営業強化（X）
11. 売掛回収期間の短縮（X）
12. 提案型営業の推進
13. 顧客メリットを訴求する営業（〇）
14. 販売機種を絞り込む（X）
15. 生産性の高い包装機の提供（〇）
16. 高速運転によるスループット向上をPR（〇）
17. 営業部員の増員による営業強化（X）
18. 予防保守サービスの提供（〇）
19. 低価格での提供（〇）

《技術部門》
20. 設計コストの削減
21. 筐体・部品の標準化
22. 高速運転できる包装機の開発
23. 時代に対応できる新技術の習得（X）
24. 3次元CADの導入による設計作業の生産性向上（X）
25. 先端ITを使った予防保守の仕組構築（〇）
26. 先端IT人材の確保

《調達部門》
27. 取引先への単価見直し要請（15%ダウン）（X）
28. 外注と一体化したコスト低減活動（X）

《製造部門》
29. 製造コストの削減
30. 出荷時の完成度アップ（X）
31. 生産能力の増強（X）

《サービス部》
32. 保守業務管理システムの構築（〇）
33. 予防保守体制の整備（〇）

《情報システム室》
34. 基幹システムの再構築（損益の見える化）（X）
35. 在庫管理システムの改良（X）

図表2-22

【コンサルタントのコメント】

　方法2を使う場合は戦略テーマのアイデアが出しやすい反面以下の注意が必要です。

　部門ごとに戦略テーマを考えると既存の部門業務の枠組みに縛られたアイデアしか出ない可能性があります。部門の役割や責任範囲を出来るだけ拡大して柔軟に考えてアイデアを出すようにして下さい。

　同じく部門ごとに戦略テーマを考えると「内部プロセスの視点」のテーマに偏りがちになります。顧客の視点、学習と成長の視点の戦略テーマも出すよう心がけてください。

【コメントは以上】

次に丸のついた課題を4つの視点に移します（図表2-23）。

	基本戦略: 高速運転性能と先端 ITを使った予防保守システムの2本柱で当社機械の圧倒的な生産性を アピールする。さらに価格でも本山機械に対抗できる価格にして販売競争に打ち勝つ
財務	
顧客	４．本山機械に対抗できる価格まで下げる ８．標準化によるコスト低減をプライスダウンへ １３．顧客メリットを訴求する営業 １５．生産性の高い包装機の提供 １６．高速運転によるスループット向上をPR １８．予防保守サービスの提供 １９．低価格での提供
プロセス	２５．先端ITを使った予防保守の仕組構築 ３２．保守業務管理システムの構築 ３３．予防保守体制の整備
学習 成長	２６．先端IT人材の確保

図表 2-23

これで戦略マップを構成する戦略テーマの候補が揃いました。
次はいよいよ戦略マップ作りです。

演習問題8：戦略マップの作成 （40分）

　包装機事業の新しい戦略マップを今までの戦略マップ(図表 0-1)を加筆修正して作ってください

方法1〜方法2のどの方法でも構いません。読者自身の独自の方法でも結構です。

再掲

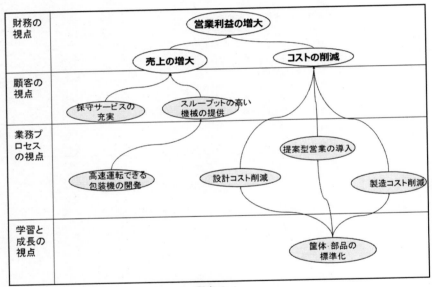

図表 0-1

【戦略マップ作成上の注意点】

✓ 因果関係が重要です

✓ 視点間を飛び越えた因果関係線もありえます

✓ 視点内での因果関係もありえます

74

✓ 深く考えすぎると各視点に配置する戦略テーマも増え、関係線もネットワークになって行きます。

✓ 戦略＝選択と集中と考え、重要なものに絞り込むようにし、関係線も因果関係が強いものに限定していくことが必要です。

演習問題 8 の回答

新しい包装機事業の事業戦略

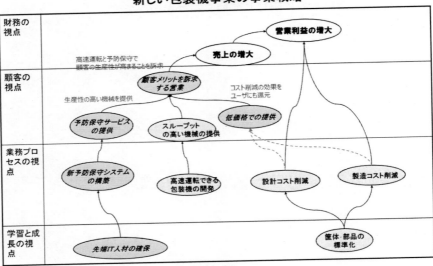

図表2-24

　プロジェクトで検討した結果、図表 2-24 が出来上がりました。
戦略マップの作成はやってみると結構難しく、実はこの図は殆ど池上コンサルが作りました。そこで池上コンサルから、その解説をしてもらいます。

【コンサルタントの解説】

では説明します。

　新たに追加された戦略は斜文字の楕円です。「売上の増大」のために「顧客メリットを訴求する営業」で生産性の高さをアピールします。生産性の高さは「スループット(※2-3)の高い高速機」の提供と「予防保守サービス」によってお客様の機械の可動率(※2-4)を高めて実現します。そして更にその

実現のために「新予防保守システムの構築」を行います。尚、ここでは図表23-2 の「先端 IT を使った予防保守の仕組」と「予報保守管理システムの構築」を合わせて「新予防保守システムの構築」という一つの戦略テーマに集約しています。そして更にその「新予防保守システム構築」ためには現在手薄な「先端 IT 人材の確保」が必要となります。以上が追加戦略のストーリーになります。

斜文字の楕円以外の楕円は従来からの標準化戦略ですが、こちらのストーリーは以前から出来上がっています。

「提案営業の推進」は削除され「顧客メリットを訴求する営業」に代わっています。いままでの「提案営業」は"自社の利益"の為に標準機を提案していましたが、新しい戦略では"顧客の為"に当社機械の生産性の高さを知ってもらう戦略テーマに変わっています。

「設計コスト削減」と「製造コスト削減」の戦略テーマは従来と変わりませんがその上位目標である戦略テーマは「営業利益の増大」だけでなく「低価格での提供」へも新たにつながっています(破線の矢線)。ここにコストダウンの成果の一部を顧客に還元する考えが反映されています。
【解説は以上】

(※2-3) スループット：単位時間に生産される製品の数

(※2-4) 可動率：機械が本来動くべき時間のうち実際に(正常に)動いた
　　　　　　　　時間の割合

プロジェクトでは戦略マップ(戦略ストーリー)が出来たので高杉リーダーから社長、役員に対しこれまでの経過説明を行うことになりました。

　現状分析、基本戦略と説明がつづき戦略マップの説明が終わったところで鈴木取締役から次のような発言がありました。

「最近、本山機械との受注競争が激化し採算割れの案件がいくつか出てきています。しかもその採算割れがどれ程なのかが良く分かりません。幾ら当社は標準化でコストダウンが出来たからと言って値下げ競争に応じても、原価が正確に把握されていないのでは本当の儲けは分かりません。このまま“低価格での提供”を戦略テーマとしておいてよいのでしょうか」

　いろいろな議論の末、日ごろコストダウンで苦労している製造担当の松田取締役から「低価格での提供」の下位に「案件毎の正確な見積もり」を入れたらどうかと言う提案があり、社長も日頃から感じていたことなので、それを戦略テーマとしてプロセスの視点に置くことになりました(図表 2-25)。

新しい包装機事業の事業戦略(松田案)

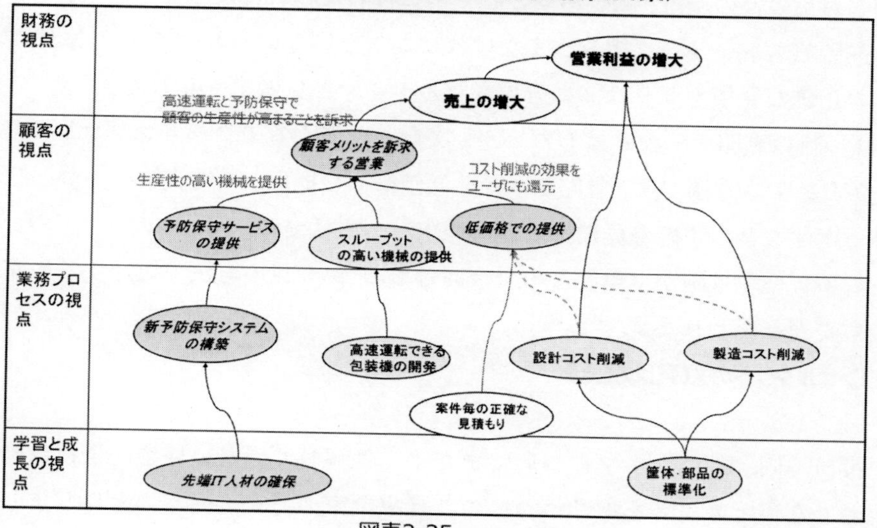

図表2-25

　松田案で決まりかけたところ、プレゼンに同席していた池上コンサルから「待った」がかかりました。「待った」の理由は以下の通りです。

〔コンサルタントの意見〕

　「案件ごとの正確な見積もり」は採算割れをおこさせないために必要なテーマと言えます。従って「低価格で提供する」テーマと関係がありそうです。しかし、「低価格での提供」を実現する"手段"とはなっていません。こうしたテーマを戦略マップに入れてしまうと戦略がぼやけてしまいます。このようなテーマの処理は2通りの方法が考えられます。

1つ目は、このテーマは戦略テーマとは別にして「企業として常に取り組まなければならないテーマ」として取り上げる方法です。事前レクチャーで、

年度計画として取組むテーマは 3 つにわけられるという話をしました。①問題対策の為の施策、②製造業として常に行わなければならない施策、そして③戦略ストーリーに組み込まなければならない施策の 3 つです。「案件ごとの正確な見積もり」は②に分類されるテーマと見做すやり方です。

　2 つ目は戦略テーマとはしないが、次章ででてくるアクションプラン（実施策）にする方法です。戦略テーマ「低価格での提供」の実施策の一つとして「案件ごとの正確な見積もり」を取上げる方法です。

　このテーマは確かに重要なので今回はこの 2 つ目の方法で処理するのが最も妥当と思われます。

〔コンサルタントの意見は以上〕

　役員一同、戦略マップについてまだよく理解していない様で完全には納得できないとの思いを抱きつつ、ここは専門家の考えに従うことにしました。

　この戦略マップは今後包装機事業の中期計画を実施していくうえでの重要な管理ツールとなりますので幹部社員による理解と共有化は重要です。従ってこのような議論を尽くし幹部社員皆で共有化しておくことはよいことです。

〔コンサルタントの追加解説〕

4 つの視点に分ける理由

この戦略テーマを 4 つの視点に分けて連関図をつくる方法は BSC（バランススコアーカード）の表記法に倣っています。何故 4 つの視点に分けて描くとストーリーが出来るでしょうか。

それは次のようにきわめて汎用性の高い戦略ストーリーになるからです。

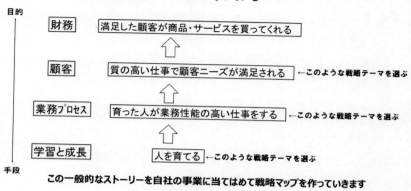

4つの視点が既にストーリーになっている

目的

| 財務 | 満足した顧客が商品・サービスを買ってくれる |

↑

| 顧客 | 質の高い仕事で顧客ニーズが満足される | ←このような戦略テーマを選ぶ

↑

| 業務プロセス | 育った人が業務性能の高い仕事をする | ←このような戦略テーマを選ぶ

↑

| 学習と成長 | 人を育てる | ←このような戦略テーマを選ぶ

手段

この一般的なストーリーを自社の事業に当てはめて戦略マップを作っていきます

図表 2-26

　図表2-26を見てください。先ず「学習と成長の視点」で人材を育てます→ 育った人材が「プロセスの視点」で業務性能の高い仕事をします→ その結果、「顧客の視点」で顧客価値の向上が実現され顧客が満足します→そして満足した顧客が「財務の視点」で当社に収益をもたらします。

　この一般的なストーリーを自社の事業に当てはめて戦略マップを作っていけば出来上がる、と言うわけです。

　また学習と成長の視点の戦略テーマは人材に限らず、将来芽を吹く種を育てておくテーマであればなんでも構いません。研究開発などのテーマも学習と成長の視点のテーマになります。

　注意したいのは、この一般的なストーリーはあくまでもいろいろ考え得るストーリーの一つです。顧客の視点を無視して収益を上げるモデルもその良し悪しは別にして当然考えられます。

〔コンサルタントの追加解説は以上〕

2-5 戦略テーマごとの KPI 設定

　戦略マップが出来ましたので次は戦略テーマごとに KPI を設定します。今回も先ず池上コンサルから KPI(※2-5)を設定する意義や注意事項を解説してもらいます。

（※2-5）KPI は Key Performance Indicator の略です

〔コンサルタントの解説〕

　KPI は戦略テーマごとの達成状況を測る物差しのことで達成指標と訳されています。これを決めることによって戦略の実現状況が数量的に管理できるようになります。

　しかし、この KPI を決めるのは結構難しく、不適切な KPI を決めると戦略の実施管理がうまく出来なくなります。

　また、KPI は数値管理するものですので当然測定可能なものでなくてはなりません。

　財務の視点と内部プロセスの視点の KPI は比較的決めやすいのですが顧客の視点と学習と成長の視点の指標は一寸苦労します。どうしても難しくて決められない場合には無理に決めることはありません。ナシで構いません。

　例を挙げると先の木工会社のばあいに「社員の意識改革」と言う課題がありましたが、コストを考えない職人社員の意識を変えていくことはとても重要で、確かに戦略マップの中に入れておく必要があります。

　しかし、その意識が変わったかどうかを数値でもって測定するコトはなかなかできるものではありません。

　もう一点注意したいのは、KPI が決まらない理由として戦略テーマの設定の仕方そのものに問題がある場合があります。

　この場合は戦略テーマの設定が不適切だったわけですから、KPI を無理に決めるのではなく戦略テーマを変えたらどうなるか、を考えてみます。

一般にあいまいなテーマや漠然としたテーマの場合には苦労します。

〔コンサルタントの解説は以上〕

演習問題9：追加戦略のKPI　　（15分）

　表には既に幾つかの KPI が記述されています。「？」の箇所のＫＰＩを決めて表を完成させてください。なお表では従来からの戦略に含まれている戦略テーマの KPI は既に記入されています。ヒントにしてください。

追加戦略のKPI

	戦略テーマ (中間目標)	ＫＰＩ (達成指標)
財務	営業利益の増大	1人当たりの営業利益
	売上の増大	目標計画達成率
	コストの削減	目標コスト達成率
顧客	顧客メリットを訴求する営業	？
		？
	低価格での提供	－
	予防保守サービスの提供	？
業務プロセス	スループットの高い機械の提供	時間当たり包装個数
	高速運転できる包装機の開発	計画進捗率
	設計コスト削減	平均投入工数／1機
	製造コスト削減	対前年コスト削減率
	新予防保守システムの構築	？
学習・成長	筐体・部品の標準化	標準品採用比率
	先端ＩＴ人材の確保	？

グレーの行は従前からの戦略テーマ、白抜きの行は新たに追加された戦略テーマ

演習問題９の回答

追加戦略のKPI（回答）

	戦略テーマ（中間目標）	ＫＰＩ（達成指標）
財務	営業利益の増大	1人当たりの営業利益
	売上の増大	目標計画達成率
	コストの削減	目標コスト達成率
顧客	顧客メリットを訴求する営業	**引き合い件数** **成約率**
	低価格での提供	−
	予防保守サービスの提供	**オンコールによる保守件数**
業務プロセス	スループットの高い機械の提供	時間当たり包装個数
	高速運転できる包装機の開発	計画進捗率
	設計コスト削減	平均投入工数／１機
	製造コスト削減	対前年コスト削減率
	新予防保守システムの構築	**計画進捗率**
学習・成長	筐体・部品の標準化	標準品採用比率
	先端ＩＴ人材の確保	**AI、IoT技術者の数**

プロジェクトではKPIを図表2-27のように決めました。

ただ、KPIを決めるのも結構難しく今回もほとんどのKPIは池上コンサルの助けを借りて作りましたので、以下池上コンサルから解説してもらいます。

【コンサルタントの解説】

「顧客メリットを訴求する営業」のKPIとして"引き合い件数"と"成約率"の2点が挙げられています。引き合い件数が幾ら多くても成約に至らなければ"生産性のアピール"が成功したことにはなりません。また成約率だけですと売上件数が少ない場合は成約率が上がってしまう場合がありますので、ここでは両方の指標を使います。

「低価格での提供」のKPIは特に決めません、安ければよいというわけでは

なく利益とのバランを取る必要がある為一意に定まる指標を決めるのが難しいからです。

「予防保守サービスの提供」の KPI は「オンコールによる保守件数」になっています。予防保守がうまくいけばオンコールによる修理依頼は減少し最後は 0 になるはずです。

「新予防保守システムの構築」の KPI は構築計画の進捗率になっています。「先端 IT 人材の確保」の KPI は AI 技術者、IoT 技術者の数としました。勿論、数だけそろえても役立ちませんので、そのレベルも問題になりますが、それは具体的な運用段階で決めることにします。

【コンサルタントの解説は以上】

　KPI が決まりましたので、後は企画書（事業戦略企画書）としてまとめていきます。

　企画案がまとまったところで、高杉リーダーから社長、役員に対するプレゼンを行うことになりまた。プレゼンの目的は第 1 フェーズの完了報告とその内容について承認をもらい第 2 フェーズへ進む許可を得ることです。

　プレゼンの席上、品質保証を担当する豊田専務から「図表 2-22 になぜ品質保証部が入っていないのだ」、という指摘がありました。高杉リーダーが困っているので池上コンサルが助け舟を出しました。

〔コンサルタントの助け舟〕

　「戦略マップは事業部目標を達成するために戦略的意図をもって取り組む戦略テーマで構成されています。したがって図表 2-22 は各部門の取組テーマを網羅的に書き出すものではなく、基本戦略の実現に必要な取組テーマだけをリストアップするもの、だからです。

今回の場合品質保証部のテーマは戦略ストーリーとは直接関係がないのでリストアップされていません。勿論、品質保証業務は重要です。

　しかし、その取組テーマは戦略テーマとして取り上げるのではなく、年度の計画や日々の改善活動の中で取り上げられるべきものです。」

〔コンサルタントルの助け舟は以上〕

　池上コンサルの説明に豊田専務も納得し何とかこの場を切り抜けられました。

コラム1　戦略意図を持たない企業の戦略マップ

　　強い意志をもって会社を変革したい、と思っている企業はそれほど多くはありません。「IT の前に先ずは業務改革だ」とばかり意気込んでプロジェクトを始めても、特別な戦略意図を持たない企業の場合は斬新な改革案は出てきません。アイデアとして出てくる戦略テーマもほとんどが、「販売を促進する」、「コストを削減する」「品質を高める」・・・と言った通常の業務を"よりガンバル"といったおなじみのテーマです。そうしたテーマで出来た戦略マップは"戦略的"ではありません。また、そうしたプロジェクトでは得てして各部門に配慮し、あれもこれも取り入れた、とても網羅的な図が出来上がります。

　　そうした戦略マップは役に立たない！でしょうか？

私はそのような戦略マップであっても役立つ、と思います。このような戦略マップであっても取組テーマ間の重複や関連性のあるなしが分かり、最終的には売上、利益に各テーマがどのようにつながっていくかが見えます。これはこれで業務の関連性を全社で共有するツールとして十分役立ちます。同じものを作り続けている部品メーカーで業界が比較的安定している場合にはこのような戦略マップになる傾向があります。

2-6　事業戦略の運用

2-6-1　経営管理ツールとしての戦略マップ

　策定した戦略マップは経営幹部で共有し必要な場合は改訂を加えて運用していきます

戦略マップは重要な経営管理ツールです。

戦略マップにより

・経営トップの考えを戦略として具体化できる

・経営戦略を各部門の業務まで展開できる

・社員の各業務が経営戦略とどのようにつながっているかが
　確認できる（モチベーション向上）
・業績評価を定量化できる
・戦略テーマの実施結果の原因追究ができる
様になります。

2-6-2 戦略の変更管理

　今日の様に経済情勢が目まぐるしく変化していく時代にあっては作った事業戦略（中期計画）は適度なタイミングで見直し改訂しなくてはなりません。図表2-28 はその見直しのサイクルを例示しています。勿論、この通りに行う必要はなく各社の実情に合わせて管理サイクルを決めればよいでしょう。

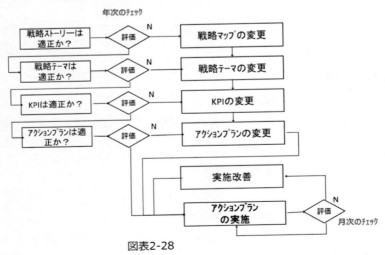

図表2-28

2-6-3 戦略企画書の承認

　第1フェーズの最後にプロジェクトで作成した戦略企画書を社長、役員にプレゼンすることになりました。内容についてはいずれも逐次経過説明を行っているので特に問題なく承認を得ることが出来る、と思っていたところ社長から次のような爆弾発言が出ました。

『いまさらこんなことを云うのも何だが、経営目標に入っている「地域トップテンに入る給与水準の実現」のストーリーが新戦略の中に入っていないようにみえるが？』

　確かにそういわれると新戦略には「地域トップテンに入る給与水準の実現」のストーリーが入っていません。豊田専務、高杉リーダーを始めプロジェクトメンバーは真っ青です。ここで戦略の作り直し迄戻ってしまったら大変です。一同顔を見合わせて思案しているところで、またも池上コンサルから助け舟が出されました。

演習問題１０：社長を納得させる説明 (40)

　池上コンサルはどの様な説明をして社長を納得させたのでしょうか。読者ならどのような説明で社長を説得しますか。

【読者が考えた説得案を書いてください】

演習問題１０の回答

【コンサルタントの説明】

　"社員の給与の向上"を実現するための一番の課題は「給与を上げる原資を作る」ことです。それであるならば、戦略テーマの「営業利益の増大」を「粗利の増大」に変えたらどうでしょうか。

　「営業利益の増大」ですと給与を含む販管費を削って実現することもできます。しかし「粗利の増大」でしたら販管費は含まれません。そして増大した粗利の一部は給与水準の向上に使えます。

　ただし、この「給与水準の向上」は経営目標ですが、その実現のために何かをしなければならないテーマではありません。稼いだ粗利のどれだけを給与に分配するか、と言う「経営の意思決定」の問題に他なりません。

　また、「営業利益の増大」を「粗利の増大」に変えても今回作った戦略マップ(ストーリー)で変更するところはありません。

　粗利の増大を目指して戦略を実行すれば、後は社長が儲けた利益をたくさん社員に配る、よう図ればよいのです。

　但し、営業利益率１０％は適当な粗利目標に変える必要はあります。

【コンサタントの説明は以上】

　池上コンサルの説明で社長も納得し、経営目標を「営業利益の増大」から「粗利の増大」へ変えることに同意しました。利益額の目標については別途役員会で決めることとなりました。

包装機事業部　戦略企画書

1. 中期経営目標
2. 経営環境の現状分析
3. 現在の包装機事業の事業戦略
4. 事業戦略の追加戦略（基本戦略）
5. 新しい事業戦略（戦略マップ）
6. 年度ごとの数値目標
7. 戦略テーマとKPI
8. 承認いただきたき事項
   ・基本戦略
   ・戦略マップ
   ・戦略テーマとKPI
   ・業務改革フェーズの着手

図表2-29

　それ以降の高杉部長の説明は滞りなく進み、事業戦略企画書は承認され第1フェーズの事業戦略立案フェーズが完了しました。

実際に作ってみるとわかりますが戦略マップを作るのはそんなに簡単ではありません。一番迷うのは戦略テーマとしてどのレベルでテーマ設定したらよいかと云う点です。あまり上位で選ぶとストーリーが抽象的になり戦略がぼやけます。逆に下位で選ぶと細かくなりすぎストーリーが長くなってしまいます。適切な戦略マップが作れるようになるには結構習熟が必要です。そこでストーリー作りの練習とし「明治政府の戦略マップ」を巻末付録に載せました。昔習った歴史を思い出しながらチャレンジしてみてください。

第 3 章

－業務改革－

本山機械に打ち勝つ追加戦略も決まり、次はその戦略を業務レベルで具体化する業務改革フェーズです。この業務改革フェーズの目的は 2 つあります。一つは第 1 フェーズで作った戦略を業務レベルに落としアクションプラン（実施策）として具体化することです。目標管理制度を取っている企業の場合は目標管理制度の中に組み込んで実施します。

　もう一つの目的は IT 化の前段階として、業務改革後の新しい業務プロセス図を描くことです。新しい業務プロセスは現状のプロセスにアクションプランや戦略に影響のある問題や課題の解決策を反映して作ります（図表3-1）。

業務改革のテーマ

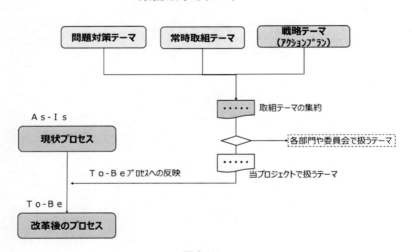

図表3-1

業務改革フェーズで行うプロジェクト作業は図表 3-2 の 8 工程になります(目標管理制度をとっている企業の場合)。

第2フェーズ（業務改革）のスケジュール

工程	9月	10月	11月	12月
1.プロジェクト編成と対象範囲の決定	→			
2.アクションプランの作成	──			
3.問題・課題のリストアップと整理		──		
4.目標管理制度への組込み		──		
5.AS-ISプロセス図作成			──	
6.プロセス改革テーマの検討			──	
7.To-Beプロセス図作成				──
8.報告書の作成				──

図表3-2

3-1 プロジェクトの再編成と対象範囲の決定

　業務レベルの検討になりますので現場の状況をよく知っている主任レベルの人材を作業部会に追加投入します。営業、技術、製造、サービスの各部門から 1 名ずつ計 4 名が新たにメンバーとして加わりました（図表 3-3）。また、業務改革の対象範囲は戦略分野となった"保守サービス業務"と定めました。

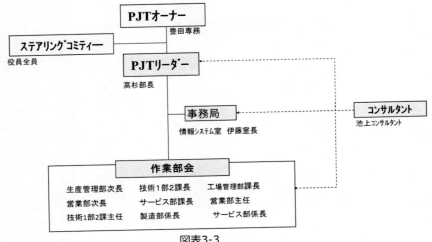

図表3-3

3-2 アクションプランの作成

　第2フェーズで行う最初の作業は各戦略テーマを実現するアクションプランを決めることです。その戦略テーマを実現するためには「何」を「だれが」「いつまでに」行うかを決める作業です。勿論、実現策にはいろいろなアイデアが出てきますが、それらをプロジェクトの皆でよく検討し決めていきます。今回も初めに池上コンサルから簡単な注意事項がありました。

〔コンサルタントの注意事項〕

　アクションプランを書くときの重要な点は「行為」や「結果」が明瞭に分かる表現で書くことです。また目標管理制度を導入している会社の場合に

はこのアクションプランが組織の上から下へ目標として展開されていきます。当社も目標管理制度を導入していますね。

　もう１点ヒントです。戦略テーマ導出時に出されたアイデアの中には実はアクションプランレベルのテーマが結構あります。こうしたアイデアは戦略テーマとしては使えませんがその幾つかはこの段階でアクションプランとして使うことが出来ます。

〔コンサルタントの注意事項は以上〕

演習問題１１：追加戦略のアクションプラン策定（20分）

　表の「？」の箇所に戦略テーマを具体化するアクションプラン(実施策)を考えて記入して下さい。１つの戦略テーマに対して複数のアクションプランが入ることもあります。担当欄は主に担当する部門を書きますが、今回はヒントとして既に記述されています。時期欄はそのアクションプランが実施される時期を書きます。今回は省略します。

追加戦略のKPIと実施策

	戦略テーマ（中間目標）	ＫＰＩ（達成指標）	アクションプラン（実施策）	担当	時期
財務	粗利の増大	粗利額			
	売上の増大	目標計画達成率			
顧客	顧客メリットを訴求する営業	引き合い件数 成約率	？	営業	
			？	営業	
	低価格での提供	－	？	営業	
			？	経営企画	
	予防保守サービスの提供	オンコールによる保守件数	予防保守体制の整備	サービス	
業務プロセス	スループットの高い機械の提供	時間当たり包装個数	生産性比較表の作成		
	高速運転できる包装機の開発	計画進捗率	高速時の問題点洗出しと計画的な対策作り		
	設計コスト削減	平均投入工数／１機	個人の技術ノウハウの会社資産化		
	製造コスト削減	対前年コスト削減率	量産型企業からノウハウを獲得する		
	新予防保守システムの構築	計画進捗率	？	プロジェクト	
			？	プロジェクト	
学習・成長	筐体・部品の標準化	標準品採用比率	既存機種、部品の整理体系化		
	先端ＩＴ人材の確保	AI、IoT技術者の数	？	技術	
			先端IT人材の育成	技術	

演習問題１１の回答

追加戦略のKPIと実施策（回答）　図表3-4

	戦略テーマ（中間目標）	ＫＰＩ（達成指標）	アクションプラン（実施策）	担当	時期
財務	粗利の増大	粗利額			
	売上の増大	目標計画達成率			
顧客	顧客メリットを訴求する営業	引き合い件数 成約率	**高速運転性能のPR活動強化**	営業	
			新予防保守システムの普及活動	営業	
	低価格での提供	ー	**値引き基準の設定**	営業	
			案件毎の正確な見積もり（原価把握）	経営企画	
	予防保守サービスの提供	オンコールによる保守件数	予防保守体制の整備	サービス	
	スループットの高い機械の提供	時間当たり包装個数	生産性比較表の作成		
業務プロセス	高速運転できる包装機の開発	計画進捗率	高速時の問題点洗出しと計画的な対策作り		
	設計コスト削減	平均投入工数／１機	個人の技術ノウハウの会社資産化		
	製造コスト削減	対前年コスト削減率	量産型企業からノウハウを獲得する		
	新予防保守システムの構築	計画進捗率	**故障予知システムの構築**	プロジェクト	
			保守管理システムの構築	プロジェクト	
学習・成長	筐体・部品の標準化	標準品採用比率	既存機種、部品の整理体系化		
	先端ＩＴ人材の確保	AI、IoT技術者の数	**先端IT技術者のヘッドハンティング**	技術	
			先端IT人材の育成	技術	

　　プロジェクトでは図表3-4の様なアクションプランを策定しました。

【コンサルタントのコメント】

　財務の視点のアクションプランは一般的には顧客の視点以下が実施策となるため記述しません。ただ、財テクのようなことを戦略テーマとして考えた場合には対応するアクションプランを記述します。

　「顧客メリットを訴求する営業」のためのアクションプランとして「高速運転性能のPR活動強化」と「新予防保守システムの普及活動」の２点が挙がっています。市場においては、環境面、衛生面に加え包装ラインの生産性向上が求められるようになってきているのでこの２点を顧客に提案・訴求していくのは重要な施策となります。

　「低価格での提供」の為には営業での値引きが必要になりますが、そのためには案件毎に正確な見積もり（すなわち正確な原価の把握）を行う必要が

あります。また低価格にすると言ってもむやみに安くするのではなく、「値引き基準」を持って値引き交渉に応じて行かなくてはなりません。

　戦略マップの策定時に鈴木取締役から「案件ごとの正確な見積もり」を取上げてほしいという話がありましたが、それはここで戦略テーマ「低価格での提供」のアクションプランの一つとして取り上げられています。

　「予防保守サービスの提供」の実施策は戦略テーマ導出時のアイデア「予防保守体制の整備」が入っています。新たに始める予防保守のために人員の配置等、再構築する必要があります。

　「新予防保守システムの構築」のアクションプランは「故障予知システムの構築」と「保守管理システムの構築」の２つにブレークダウンされています。そのうち保守管理システムは予防保守だけでなく修理依頼の都度修理を行うオンコール保守の処理にも使える仕組みにする必要があります。

　「先端IT人材の確保」の実施策は「先端技術者のヘッドハンティング」とその招聘した技術者を先生役として社内人材の養成をする「先端IT人材の養成」の２点が挙げられています。

図表3-4には概ね適切なアクションプランが挙がっています。
【コメントは以上】

3-3 問題・課題のリストアップと整理

　改革プロジェクトの検討会では、戦略的な課題だけでなく日々起こる問題や先に鈴木取締役が問題視したような長年の懸案事項などいろいろな問題や課題が俎上に上ります。こうした問題や課題は事業戦略と関係がないからと言って切り捨てるのではなく、この機会に整理しその扱い部署を決めておきます。

演習問題１２：戦略テーマ以外の問題点、課題 （20 分）

　自由ヶ丘工業のプロフィールを読んで、今回の戦略テーマであるアクションプラン**以外**の問題点、課題をリストアップして下さい（？の箇所に記入）。

取組テーマの整理と選別

プロセス	取組テーマ	担当組織	
営業	案件毎の正確な見積もり	経営企画	戦略マップの取組テーマ
	値引き基準の設定	営業	
	高速運転性能のPR活動強化	営業	
	新予防保守システムの普及活動	営業	
技術	故障予知システム	予防保守Ｇ	
	先端IT人材のヘッドハンティング	技術	
	先端IT人材育成	技術	
保守サービス	予防保守体制の整備	サービス部	
	保守管理システム	予防保守Ｇ	
品証	？	品証、製造	
購買	？	購買	
その他	？	特別班（品証、技術、サービス）	
	？	技術	
	？	営業	
	？	技術部、情シス	
	？	技術部、製造	

演習問題１２の回答

　プロジェクトでは検討の結果図表 3-5 のテーマを戦略外のテーマとして挙げました（太文字）。

取組テーマの整理と選別

プロセス	取組テーマ	担当組織	
営業	案件毎の正確な見積もり	経営企画	戦略マップの取組テーマ
	値引き基準の設定	営業	
	高速運転性能のPR活動強化	営業	
	新予防保守システムの普及活動	営業	
技術	故障予知システム	予防保守G	
	先端IT人材のヘッドハンティング	技術	
	先端IT人材育成	技術	
保守サービス	予防保守体制の整備	サービス部	
	保守管理システム	予防保守G	
品証	**検査業務の強化によるMTBFの改善**	品証、製造	
購買	**安定的な外注業者の確保**	購買	
その他	**高速運転時の不良品多発問題**	特別班（品証、技術、サービス）	
	エンジニアの意識改革（コスト意識醸成）	技術	
	営業マンの能力開発（提案力）	営業	
	技術の会社資産化	技術部、情シス	
	成り行き在庫の削減	技術部、製造	

図表3-5

【コンサルタントのコメント】

　戦略マップ以外の取組テーマを見てみます。

取組テーマとしてリストアップされたテーマのうち「MTBF 改善」、「外注確保」、「エンジニアの意識改革」、「営業マンの提案力向上」、「成行き在庫削減」の各テーマは各部門で取組みます。

　「技術の会社資産化」については IT 絡みのテーマになりますので技術部と情報システム室でチームを組んで取り組みます。

　特に注意を払う必要のある問題として「高速運転時の不良品多発問題」があります。高速運転性能を前面に打ち出した戦略を採っているにもかかわ

らず高速運転時に不良品が出来てしまうというのでは話になりません。戦略以前にこの問題を解決しておく必要があります。このテーマの扱いとしては戦略ストーリーを構成するものではありませんが、戦略に影響を与える重要問題として扱う必要があります。具体的には品証、技術、サービスの各部門による特別班を緊急に作り取組むのが良いでしょう。

　戦略マップの取組テーマは演習問題１１で解説していますが、ここではテーマごとの担当部門を確認していきます。

　「案件ごとの正確な見積もり」は経営企画部の担当、「値引き基準の設定」「高速運転性能の PR 活動」「新予防保守システムの普及活動」の３テーマは営業の担当です。

　「先端 IT 技術者のヘッドハンティング」と「先端 IT 人材の育成」は技術部門の担当、「予防保守体制の整備」はサービス部門の担当です。

　これら部門で取り組む戦略テーマは適時プロジェクトに報告し、戦略全体の整合を取ってプロジェクトを進めていきます。

　「故障予知システムの開発」と「保守管理システム」は後日編成する予防保守システム開発グループ（以下、予防保守Ｇと略称する）で取り扱います。プロジェクトとしてはこれ以降、この戦略テーマが業務プロセス改革の中心になります。

【コメントは以上】

コラム2　問題と課題はどうちがう？

　ここで少し横道にそれますが、皆さんは問題と課題を区別していますか？本書では問題と課題を次のように区別しています。

　「問題」は現在生じている標準値より下がった値と標準値との差と定義します。「課題」は標準値より上に設定した目標値と標準値の差と定義します。「問題」は、現在起こっている事実としてどれだけ悪いかが把握されておれば標準との差が明確ですので取組むべきテーマがハッキリしています。

　一方「課題」の方は、目標設定次第で標準との差が異なる為、目標を設定しないと取組むべきテーマがハッキリしません。

　要するに目標設定次第で課題の難易度が変わりますのでその対策もそれに応じて変わらなければなりません。

　今回、自由ヶ丘工業は予防保守によって MTBF ∞ を実現すると言う意欲的な目標を設定しています。当然、今までとは違う発想で取り組まなければなりません。「検査業務の強化」だけでは済みません。

故障停止ゼロ　→　予防保守　→　新しい IT の仕組、が必要となります。

　ここで申し上げたいのは、テーマを「MTBFの改善」と書いただけでは問題なのか課題なのかもわからないし、課題だとしても、その"目標値"を書かないと取組みのしようがない、と言う点です。これを曖昧にしたまま改善活動をしているケースが見られるので、注意が必要です（図表 3-6 参照）。

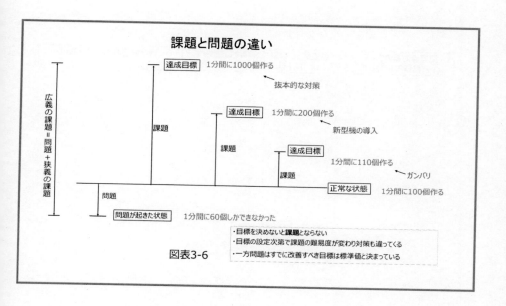

図表3-6

（図中のテキスト）
課題と問題の違い

広義の課題＝問題＋狭義の課題

達成目標　1分間に1000個作る
抜本的な対策

課題

達成目標　1分間に200個作る
新型機の導入

課題

達成目標　1分間に110個作る
ガンバリ

課題
正常な状態　1分間に100個作る

問題
問題が起きた状態　1分間に60個しかできなかった

・目標を決めないと課題とならない
・目標の設定次第で課題の難易度が変わり対策も違ってくる
・一方問題はすでに改善すべき目標は標準値と決まっている

3-4 目標管理制度への組込み

　戦略テーマやアクションプランの目標管理制度への組込み方法について
池上コンサルから説明をしてもらうことになりました。

〔コンサルタントの説明〕

　戦略テーマやアクションプランは戦略マップ（事業部長）→戦略テーマ
（部長）→アクションプラン（課長）→アクションプラン（課員）のように目
標管理制度に組み込むことでより地に足のついた実施管理ができます。

　また目標管理では「戦略テーマ」だけでなく「問題対策の為のテーマ」や
「製造業として常に取り組んでいるテーマ」も含めて管理していきます。（図
表3-7）。

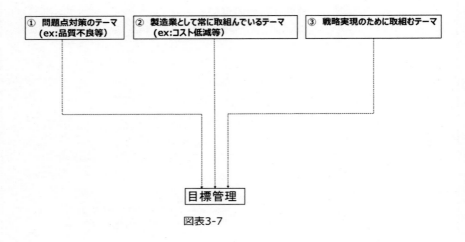

図表3-7

目標管理の書式としてはいろいろありますが、一例を図表 3-8 に示します。

目標管理シートの例

上位目標		
テーマ	指標	目標値

面接者：_____ (　／　／　)

_____ 期

従業員No	所属	
格付	指名	

合計が100%になる
1項目の最低10%

業績目標

今期目標			自己評価			上司評価			
テーマ	期待成果	W	成果の状況	W	評価	成果の状況	W	評価	得点
							創業得点		

スキルアップ目標			
テーマ	いつまで	今期の状況	上司コメント

自己申告

所属長所見

図表3-8

取組テーマの目標管理への組込み（技術1部の例）

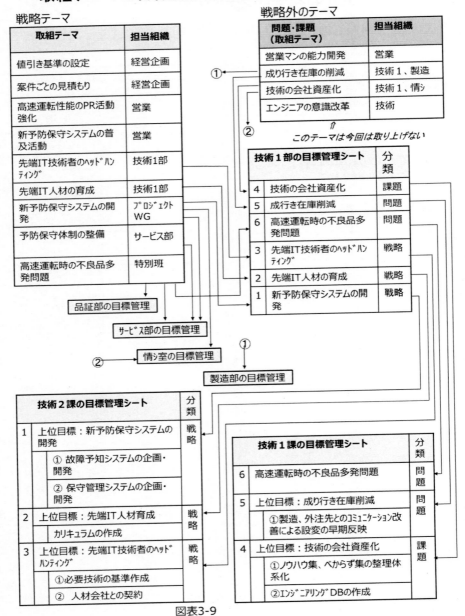

図表3-9

図表 3-9 は取組テーマを目標管理に組み込む例を技術 1 部で例示しています。これを使って説明します。「新予防保守システム（※3-1）の開発」はプロジェクトで取り組みますが、実際にシステムを作るのは技術 1 部、サービス部、情報システム室のプロジェクトメンバーです。従って関係各部門の目標管理シートにも新予防保守システムの開発がテーマとして載っています。

　具体的には技術 2 課長が予防保守 G のリーダーとして参加しますので、技術 2 課の目標管理シートには上位目標として新予防保守システムの開発を載せ、更にその下位目標として「故障予知システムの構築」および「保守管理システム」を載せます。また、このテーマは同じく予防保守 G のメンバーである情報システム室課長及びサービス部主任の目標管理シートにも載ることになります。

　「予防保守体制の整備」はサービス部の目標管理テーマとして具体化されます。

　「先端 IT 技術者のヘッドハンティング」及び「先端 IT 人材の育成」も技術 2 課長の目標管理として目標設定されます。

　直近の大きな問題として「高速運転時の不良品多発」があります。これは当社の売り文句である「高速運転が出来るので生産性が良くなる」を全く打消してしまう大問題です。このままですと戦略ストーリーが破たんしてしまいます。

　そこで、品証が中心となり、技術 1 部、サービス部を加えたメンバーによる特別対策班を作り、鋭意取り組むことになりました。このテーマの分類は戦略ですが、戦略ストーリーを構成する戦略テーマではないので、戦略マップには載せません。戦略以前に解決しなければならない問題の位置づけです。

次に戦略外のテーマです。

先ず「技術の会社資産化」。これは技術ノウハウが各技術者個々人に属しており会社として共有化していない課題の解決を狙ったテーマです。これも技術1部の目標管理テーマとして技術1部の目標管理シートに載せます。このテーマは技術1課のテーマとして下部展開されています。このほか技術1課のテーマとしては「成行き在庫の削減」も載っています。これは、設計変更時に既に変更前の部品を作ってしまい、それが在庫として残ってしまう課題を取り上げています。勿論、どの程度削減するかの目標値を決めねばなりません。

エンジニアにコスト意識をもっと強く持ってもらう、ためのテーマとして「エンジニアの意識改革」がありますが、これは時間がかかる問題ですので今回は取組テーマからは一旦外し、長期に取組むのが良いと思います。

〔コンサルタントの説明は以上〕

（※3-1）新予防保守システム＝故障予知システム＋保守管理システム

3-5　As-Is プロセス図の作成

プロジェクトではこれ以降、"保守サービス業務"のプロセス改革案を作成していきます。先ず,保守サービスの現状のプロセス（As-Is）を描きます。図表3-10 が現状のプロセス図になります。長方形のボックスは人手による業務処理、直方体のボックスは IT による処理、矢線は順序を表します。また破線は情報の流れを表します。

なお、この図は池上コンサルが作成してくれました。

〔コンサルタントの注意事項〕

"使える"プロセス図(フロー図)を書くのは結構難しく、トレーニングをし

ないとおかしなフロー図を描いてしまいます。

　書き方には様々な流派があります。どのような書き方でも構いませんが、今回は、図表 3-10 の様な様式で書くことにします。注意したいのは矢線です。矢線の意味は次の通り幾通りも考えられます。

・矢線は順序を表す
・矢線はデータの流れを表す
・矢線は物の流れを表す
・矢線は金の流れを表す

重要なのは同じ種類の矢線を別の意味に使わないことです。実線は順序、破線はデータの流れ、など決めて使い分けてください。

〔コンサルタントの注意事項は以上〕

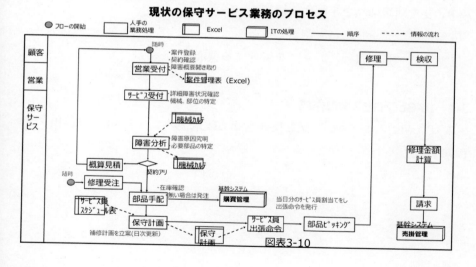

現状の保守サービス業務のプロセス

図表3-10

3-6　プロセス改革テーマの検討

　現状の保守サービス業務(図表 3-10)のうち改革すべき業務プロセスを具

体的に検討します。先ず図表 3-4 のアクションプランの「故障予知システム
の構築」と「保守管理システムの構築」の 2 テーマを詳細化し図に付け加え
ます。

　次にほとんどが人手で行われているオンコール修理のプロセスを IT 化し
ます。

　検討の結果、新しい保守サービスとして以下の業務機能が必要となりま
した。

①顧客企業に設置されている包装機から時々刻々と機械状態データをイ
　ンターネット経由で収集する機能（IoT）

②収集されたデータから将来の故障を予測する機能（AI）

③保守案件ごとに進捗を管理する機能

④機械カルテに状況を記録し、必要な時に参照できる機能

⑤必要な補修部品を手配する機能

⑥案件毎にサービス員を割当てる機能

⑦サービス員の日程、スキルを管理する機能

3-7　To-Be プロセス図の作成

　次は As-Is プロセスに上記を反映させて改革後のプロセス図（To-Be）を
作ります。

演習問題１３：改革後のプロセス図作成（To-Be）(60分)

　先端予防保守システムの機能要件を反映させ、且つオンコール修理も IT 化した To-Be プロセス図を描いてください

新しい保守サービス業務のプロセス

●フローの開始　▢人手の業務処理　▢Excel　▢ITの処理　──順序　-----情報の流れ　⬭情報の保管

顧客	
営業	
保守サービス	

演習問題 13 の回答

　池上コンサルの助けを借りて図表 3-11 が何とか出来上がりました。
改めて図の解説をしてもらいます。

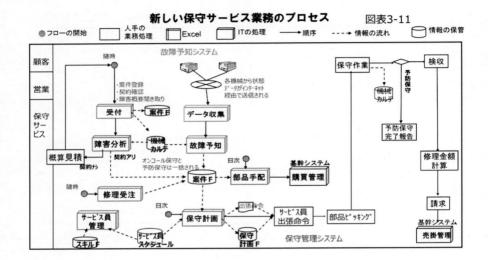

新しい保守サービス業務のプロセス　　　図表3-11

【コンサルタントの解説】

（1）オンコール保守の場合

・**営業受付は廃止しサービス受付に一本化します**

・**受付**：顧客からの修理依頼は直接サービス部で受け付け案件ファイルに
　登録します。また故障状況等を聞き機械カルテに記録します。

・**障害分析**：顧客からの故障報告と機械カルテを参照して故障原因を突き
　止め、修理方法や必要な部品を洗い出します。結果は機械カルテファイ
　ルに書き込まれます。システムは機械カルテとの入出力だけを行い、分
　析そのものは人手で行います

- **概算見積**：保守契約のない機械については概算の修理費用を算出し、顧客に提示します。これは人手で行います。
- **修理受注**：修理受注が決まったら案件ファイルにその旨記入します。
- **部品手配**：案件ファイルの案件毎に必要部品の手配を行います。在庫を確認し、在庫のないものについては発注処理を行います。また発注部品の納期を案件ファイルに記録します。発注処理そのものは基幹システムで行いますので、新システムでは基幹システムに対する発注依頼を発行します。
- **保守計画**：案件ファイルの案件ごとにサービス員を割当てて保守計画を作ります。いつどの案件を誰が担当するかが決まり出張命令書が発行されます。日次処理です。
- **サービス員管理**：サービス員のスキルを登録、検索できます。またサービス員の日程も検索できます。
- **部品ピッキング**：各サービス員は担当案件の補修部品をピッキングし出張します。
- **保守作業**：保守作業が終わったら機械カルテに修理内容を記録します

（２）予防保守の場合

- **データ収集**：各機械から時々刻々とインターネット経由で状態データが集まります
- **故障予知**：それらのデータから機械毎に障害を予測します。予測結果は
  修理案件として案件ファイルに登録されます。

これ以降のプロセスはオンコールと同じになります。

【解説は以上】

これで戦略の実施策であるアクションプランと保守サービス業務の新しい業務フロー図が出来ましたので、高杉リーダーから社長、役員に対するプレゼンを行うことになりまた。

　プレゼンの目的は第2フェーズの完了報告とその内容について承認をもらい第3フェーズへ進む許可を得ることです。

　高杉部長は、今回も前回の様な爆弾質問が出るのではないかと身構えていたところ、目標管理のとりまとめをしている鈴木取締役から「今後は目標管理がますます重要になるわね」の一言があっただけで無事終了しました。

　　　　包装機事業部　業務改革企画書

　　1.　包装機事業部の新戦略について

　　2.　業務改革の対象となるプロセスについて（As-Is）

　　3.　新戦略を反映した新しい業務プロセス図（To-Be）

　　4.　新戦略に含まれる業務改革テーマ
　　　　　（1）戦略テーマとアクションプラン
　　　　　（2）アクションプランの実行管理(目標管理)

　　5.　新戦略に含まれない業務改革テーマ

　　6.　承認いただきたき事項

　　　　　・保守サービス業務の新プロセス

　　　　　・戦略実施のため取組むテーマ

　　　　　・目標管理への組込み

　　　　　・IT企画フェーズの着手

図表3-12

　これで第2フェーズの業務改革フェーズが完了しました。

第4章

−IT 企画−

中期計画として取組むテーマが決まり、戦略分野である保守サービス業務の新しい業務プロセス図も描かれました。次は IT 企画フェーズです。IT 企画は図表 4-1 の手順で行います。

第3フェーズ（IT企画）のスケジュール

工程	1月		2月		3月	
1．プロジェクトの再編成	━					
2．システム化の目的確認	━					
3．現状調査		━━				
4．方針の決定			━			
5．システム化構想（要求定義）				━━━━		
6．システム化の効果予測					━━	
7．IT構築の大日程と推進体制						━━
8．IT化企画書の作成						━━━

図表4-1

4-1 プロジェクトの再編成

先ず、プロジェクトの編成を図表 4-2 のように変えます。作業部会の下に予防保守システム開発グループ（以下、予防保守Ｇ）が新たに設けられました。メンバーは技術２課長、情報システム室課長、サービス部主任、それに各部署から各々1 名の若手社員が追加され計 6 名の陣容です。グループリーダーは技術 2 課長の榎本さんです。またこれ以降、戦略テーマの幾つかは部門ごとに行う活動テーマに展開されていきますので各部門がプロジェクトと連携を取る体制になります。（図表 4-2 参照）

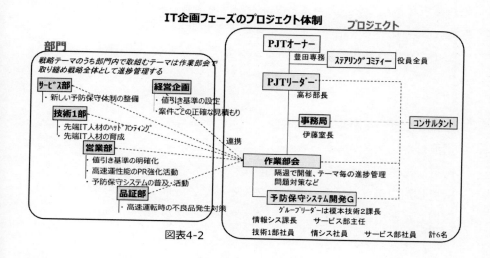

図表4-2

IT企画フェーズのプロジェクト体制

部門

戦略テーマのうち部門内で取組むテーマは作業部会で取り纏め戦略全体として進捗管理する

サービス部
・新しい予防保守体制の整備

経営企画
・値引き基準の設定
・案件ごとの正確な見積もり

技術1部
・先端IT人材のヘッドハンティング
・先端IT人材の育成

営業部
・値引き基準の明確化
・高速運性能のPR強化活動
・予防保守システムの普及・活動

品証部
・高速運転時の不良品発生対策

連携

プロジェクト

PJTオーナー
豊田専務

ステアリングコミティー 役員全員

PJTリーダー
高杉部長

事務局
伊藤室長

コンサルタント

作業部会
隔週で開催、テーマ毎の進捗管理
問題対策など

予防保守システム開発G
グループリーダーは榎本技術2課長
情報シス課長　　サービス部主任
技術1部社員　　情シス社員　　サービス部社員　　計6名

　ここからいよいよ"IT"が入ってきますが、ほとんどのプロジェクトメンバーにとって情報システムの企画をするのは今回が初めてです。そこで池上コンサルから IT 企画の注意事項などのレクチャーを受けることになりました。

〔コンサルタントによる IT 企画のレクチャー〕

　どういうわけか、我が国の経営者には IT の苦手な人が多いように思えます。経営者だけでなく政治家も政府の役人も苦手のようです。はからずも今回のコロナ禍がそれを露呈させました。国や自治体だけではありません。企業のシステムでも使い物にならないシステムを作ってしまう、或は買ってしまうケースが少なくありません。

　日経ビジネスの記事によれば 2018 年度の調査で IT 導入プロジェクトの成功率は約 53％だそうです。半分近くの情報システムは費用、機能、納期のいずれかまたは全部が当初の予定通りにはいかなかったか、全く使いも

のにならなかったシステムと言うことになります。これでも 10 年前の成功
率約 31％で比べると格段に良くなったそうです。

　なぜこういう結果になっているかを考えてみます。原因はなんでしょ
か？

・選択したハードが悪かったから
・選択したソフトが悪かったから
・選択した構築方法（スクラッチ開発／パッケージ）が悪かったから
・選択した開発方法（ウォーターフォール／アジャイル）が悪かったから
・選択した運用形態（オンプレミス／クラウド）が悪かったから

　そうした選択を誤ったかもしれませんが、私はそのことも含めて IT 構築
に失敗する原因の第一は"IT マネジメント"が悪かったからと思います。

　但し、ここで IT マネジメントと言っているのは IT の専門家であるプロ
ジェクトマネージャーが行うマネジメントのことを言っているわけではあ
りません。IT ユーザ企業の専門家ではないマネージャーが行う普通の
SDCA(※4-1)のマネジメントです。

　マネジメントを行うには判断のもととなる"軸"が要ります。お金の管理で
あれば会計知識が軸になります。人に関する管理であれば組織やコミュニ
ケーションに関する知識が軸になります。たとえ営業部門や技術部門のマ
ネージャーでもこれらの知識はもっています。

　しかし IT となるとこうした軸を持たないままプロジェクト活動を行うケ
ースが多くみられます。軸とは SDCA の S のことです。S がなければ C が
出来ず、マネジメントが機能しません。

従って一番目の注意点は
「IT を理解、判断するための"軸"を持つ」 です。

　座標軸と言ってもいいかもしれません。頭の中に座標軸が出来ていれば、新しい IT の概念、例えば RPA(※4-2)とか AI とか「目新しい言葉や概念」が入ってきてもその座標軸の中に位置づけて理解することが出来ます。

　IT の世界は昔から 3 文字略語の新しい"モノ"が次から次への現れ、よくその意味が分からないままに導入してしまったり、踊らされたりします。

　しかし、その軸が頭の中にあれば、その新しいものが当社にとってなんであるのか、今当社にとって本当に必要なモノか判断できるようになります。

　図表 4-3 は製造業における IT の構成要素を表したものです。中心に販売管理システムや生産管理システムなど基幹業務系のシステムが並びます。製造業ですと CAD/CAM／CAE や PDM など技術系専用のシステム群もあります。

　また電子メール、グループウェア、マイクロソフト Office など事務作業の道具ともいえる OA 系の一群もあります。

　その下にサーバー、パソコン端末、ネットワーク管理、データベース管理、セキュリティーシステムなどの基盤系の要素があります。

　業務系で作られたデータは各業務作業だけでなく、各種分析に使われ経営に対し様々な情報を提供します。これらは情報系のシステムとして位置づけられます。

　社外とはインターネットや EDI を介して顧客企業や仕入先企業とつながっています。インターネットでつながっているのは取引先企業だけではありません。ハード、ソフトなど IT 資源の利用をサービスとして提供するクラウドサービスともつながっています。今後はこの家の形をした図にある IT 資源がどんどんクラウド側に移り社内の IT 資源は小さくなっていくかもしれません。

しかしたとえインターネットの向こう側に資源は移って行っても、この構図そのものは"軸"として変わりませんのでしっかり頭の中に入れておく必要があります。

ハードウェアやソフトウェアだけではなくIT資源を運営する組織も必要です。またIT活用を推進する委員会組織などを設けることもあります。

（※4-1）　SDCA(Standard-Do–Check-Action)
（※4-2）　RPA(Robotic Process Automation)
　　　　　事務作業を自動化するソフトウェアロボットのこと

製造業におけるITの構成要素

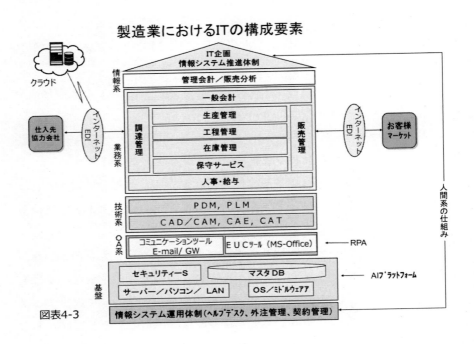

図表4-3

もう一つ"軸"の例を示します。図表4-4は情報システムで扱うデータを時代

に沿って整理したものです。

　販売、製造、会計、人事こうした基幹業務で使われるデータは数値データです。販売額、生産数、仕入額、給与額などです。昔は伝票だったデータです。台帳はマスターファイルとなります。

　それら業務数値データがたくさん集まると分析システムで加工され経営管理等に使える有用なデータが出来ます。情報系のシステムと言われているものです。以上は情報システム部門が専門的に扱う従来型の情報処理システムで、データは全て数値データです。

　パソコンの登場と OA ソフトが普及するようになると、IT を専門としない社員が自ら IT ツールを使って書類を作ったり図表を作ったりするようになります。EUC(エンドユーザコンピューティング)です。

　やがて、インターネットや Web システムにより一般の人でも写真や画像データを扱えるようになります。

　IT で扱うデータが数字の羅列から、我々が日常的扱う多彩な表現のデータに進化し人に近づいたことになります。

　更に発展します。今までなら考えられない様な膨大なデータが扱えようになりました。インターネットを介して世界中の時々刻々と変わる○○データを集め AI を使って□□が出来るようになるなど、社会変革をおこすような時代になってきました。○○や□□には様々なモノゴトが入ります。

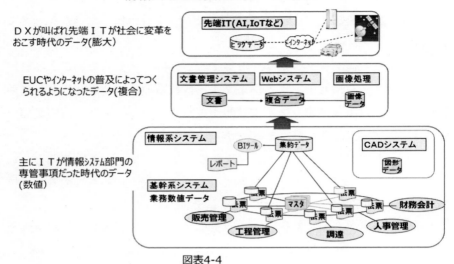

図表4-4

　図表 4-5 は"利用目的"から従来型 IT と先端 IT を比較した図です。
IT は先ず事務の省力化など「生産性向上」を目的に導入されました。
続いて利用目的が高度化し他社にたいして「競争優位」に立つための道具と
して導入されるようになります。更に AI、IoT などの先端的な IT はビジネ
スや業界の競争環境を一変させるものとして導入されるようになってきま
した。最近よく目にする DX(デジタルトランスフォーメーション)です。

　ただ、先端 IT でも生産性向上目的からビジネス変革までその利用目的は
幅があります。従来型 IT でも他社に先駆けて作れば戦略的な IT 利用とな
ることがあります。また、従来型で作っていた情報系システムも先端 IT の
活用でより高度化できます。

　このような"IT 利用目的"の面からも軸を持っていると IT がより理解し

やすくなります。

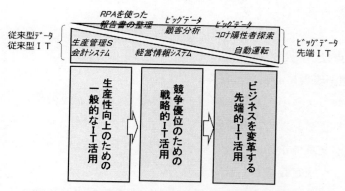

従来型ITと先端ITの利用目的比較

- 先端ＩＴでも生産性向上目的からビジネス変革までその利用目的は幅がある
- 従来型ＩＴでも他社に先駆けて作れば戦略的なＩＴ利用となる
- 従来型で作っていた情報系システムは先端ＩＴの利用でより高度化する

図表4-5

　以上 3 例示しましたが、これはあくまでもこのように描くことが出来るという例でもっと違った形で表現することもできます。重要な点は IT 専門家ではない経営者やプロジェクトメンバーが理解できる表現で表された"軸"であることです。また、IT の利用者側から見て描かれていることです。

二番目の注意点は
「システム化の目的を判断基準とする」 です。

　例えば何らかの IT 投資を決断しなければならなくなったとき、あなたは何を基準に判断しますか。

　IT の技術的な側面では IT 技術に関しての知識がないので判断は出来ま

せん。そのような時 IT 技術以外の何か判断基準を持っていれば、IT 投資の決断が早く出来ます。その"何か"は"IT 化の目的"です。

　今回も IT 化の目的をもう一度よく確認し、明瞭な表現で掲げます。そして何らかの決断が必要になったときに、「それは目的に合うものか」を判断基準にして決めるようにします。

三番目の注意点は
「要求定義は適語表現に心掛けて書く」です。

　システム開発のスタートはユーザの「・・・したい」と言う要望から始まります。その要望をシステム機能として作る為には、その「・・・したい」ことをユーザが文章で正確に表現して SE に伝えなければなりません。この文章のことを「要求定義書」と言います。

　この要求定義書が不正確だったり漏れがあったりすると、システム開発に遅れが生じたり、手戻りが発生したりします。

　システムで実現したい要望を正確に文書で表現することを「適語表現」と言っています。

　適語表現は要求定義時の問題だけではありません。企業内での様々なプロジェクト活動や改善活動などにおいても、アイデアを紙に書いて整理しますが、その際もこの適語表現問題が発生します。表現がまずいとアイデアが正確にメンバーに伝わらない、間違って伝わる、などが起き活動にロスが生じます。

　では、なぜこのようなことが起きるのでしょう？
一般に製品や建造物など形あるモノの検討結果は、図面など形が見える方法で表現されます。一方、業務改善、IT 企画などコトの検討結果の多くは文章で表現されます。

　しかし、社内のプロジェクト活動の検討結果などは"図面"のように正確

に表現されていません。また表現ルールも図面のように決められていません。その結果、IT プロジェクトの場合にはシステムに対する要求内容が正確に伝わらず不効率なプロジェクト運営になります(図表 4-6)。

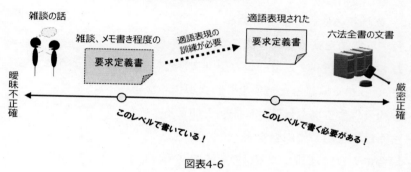

図表4-6

ここでは、要求定義書を適語表現で書くためのヒントをお話しします。

【適語表現のためのヒント】
（１）一文一意で表現する
・一つの文章には一つの要求だけを記述する
・要求がいくつも混在する場合は複数の要求に分解する
・文章をつなぐ表現はさける
・条件が入った文章は、条件だけ別の文章にする

（２）動作、状態が不明瞭な以下の表現はできるだけ避ける
　　（抽象的な名詞＋"する"）「遂行する」「管理する」「調整する」「処理する」

「推進する」「反映する」「方向性を出す」「見直す」「集約する」・・・

ただし、「管理する」などは上位概念を記述するときにどうしても使わざるを得ない場合もありますのでその場合は別です。

（3）主語と述語を明確に表現する

・誰が主語か分からない文章は書かない

・主語と述語はできるだけ近づける

（4）修飾語の使い方に注意する

・長い修飾語を文章の間に挟まない

・ひとつ修飾語（文）は一つの語（文）だけを修飾するようにする

（5）せっかく検討した結果を要約表現にしない

・要約表現する場合は欄外に説明を加える

・または吹き出しで内容を書く

・場合によっては話しことばのままにする

・できるだけ漢語表現しない

（6）コンテクスト（枠組み）を明確に表現する

例えば「高額のモノを第一優先にする」この文章だけでは何のことか分かりません。話の前提である枠組みが省略されているからです。これは"注文品の生産投入順序"に関する話です。それなら、「注文品の生産順序に関しては高額品を第一優先で投入するルールにする」と書くようにします。ヒアリング時やミーティング時に枠組みは分かり切ったことかもしれませんが、文書化し別の人が別の場所でこの文章を読んだときに、枠組みが省略されていると間違って解釈されることがあります。

（7）ＭＥＣＥ（Mutually Exclusive, Collectively Exhaustive）に気を付ける。

ＭＥＣＥとはで全体視点で洩れなく、ダブりなく表現することです。例えば要求一覧を作る場合、項目としてある項目は別の項目と一部が重なっていたり、ある項目は別の項目の一部分であったりと言うことが起こり

ます。また、逆に要求一覧の全体を眺めた時、必要な要求項目が抜け落ちでしまっているようなことがあります。こうした点を避け全体的に過不足のない要求一覧を作ることです。

〔コンサルタントのレクチャーは以上〕

　以上で、池上氏によるレクチャーが終わり、いよいよ予防保守Gによる IT 企画が始まります。最初の工程は「システム化の目的確認」です。

4-2 システム化の目的確認

　予防保守 G では議論の末、次のようにシステム化の目的を定めました。

①故障予知システム：故障を原因として機械を停止させない仕組みの実現

②保守管理システム：保守案件ごとの進捗が分かり且つ補修部品、保守要
　　　　　　　　　　員の手当てが計画的にできる仕組みの実現

　「システム化の目的」が確定したところで、サービス主任から突然「お客
様のところで簡単にできる修繕は Web サイトの中に"自己診断と簡単な修
理"のページを用意し、お客様自身で修復してもらう仕組みを作りたい」こ
のシステムも IT 企画に入れてほしい、との提案がだされました。
　サービス主任によると修理案件の中にはサービスマンが顧客企業まで出
向かなくても簡単に直せる修理が結構あり、こうした修理をお客様自身で
行ってくれるとサービス員が足らない中、大変助かる、と言うのが理由です。
どうもサービス部の中でこのような話があり、サービス主任は予防保守G
で強く主張するよう言われてきたらしいのです。

演習問題１４：サービス主任の提案は採用すべきか？ （30 分)

採否を決め更にその理由を述べてください

○を付けてください	採用する　　　　　　　　　　　採用しない
理由を述べてください	

演習問題１４の回答

○を付けてください	採用する	採用しない
理由を述べてください	・当社の強みである保守サービスの充実につながるシステムである ・また、サービス員の不足を補うことができる	

　プロジェクトでは皆当然のように「採用する」を選びました。理由は上記のようなものです。

ところが池上コンサルタントからは「採用しない」方がよいのではとの意見が出されました。

【コンサルタントの意見】

○を付けてください	採用する	採用しない
理由を述べてください	「システム化の目的」に合わないため 　今回のシステム化の目的は「お客様の機械を故障を原因として停めない仕組みづくり」と「保守案件ごとの進捗が分かり且つ補修部品、保守要員の手当てが計画的にできる仕組みづくり」です。そうした観点から見るとこのアイデアはお客様に負担を押し付けるだけですし、たとえ軽微な故障でも一旦機械は停止してしまいます。如何にお客様自身で直ぐ直せると言っても「故障を原因として停めない仕組みづくり」と言う目的には合致しません。また、案件ごとの進捗確認や補修部品、保守要員の計画的な手当て、という目的にも合致しません。	

図表4-7

　このアイデアは採用しない方が良いと思えます。その理由は「システム化の目的に合わない」ためです。

　プロジェクトが進むにしたがって目的がいつの間にか少しずつ変わっていたり、追加されたりしてしまうことが良くあります。今回の場合は「保守サービス業務の効率化、省力化」がいつの間にか目的として入ってきた例になります。勿論「保守サービスの効率化、省力化」を目的の一つに加えることは構いませんが、あくまでも副次的な目的になります。プロジェクトに余力(予算、期間、マンパワー)があれば副次的な目的も加えても良いかもしれませんが、それによって第一の目的の達成が阻害されるようでしたらやめておいた方がいいでしょう。

　初めは、システム化目的がはっきりしていても IT 企画の作業が進むにつれてシステムに対する要求が次から次へと出てきて本来の目的以外のシス

テムや機能がIT企画書に入ってきます。そうしたときには「判断基準」としてこの「目的に合致しているか」という基準で様々な要求を判断し整理するようにします。

　ただし、保守員不足はサービス部門にとっては切実な問題です。この提案はその解決策の一つとして無視はできません。サービス部門と情報システム部門で今回の戦略テーマとは別に検討チームを設け予算を取って取り組むのが良いと思われます。
【コンサルタントの意見は以上】

池上コンサルの意見に皆納得し、このアイデアは採用しないことになりました。

4-3　IT の現状分析

＜IT 内部環境分析＞

プロジェクトでは先ず当社のITの現状を調査しました。以下は調査結果です。

アプリケーションの現状

・生産管理は個別生産方式のパッケージソフトを使っている
・しかし運用で問題が多く、個別案件ごとの正確な損益が分からない
・会計システム、給与・勤怠システムは情報システム室内に設置された専用サーバーで動いている
・いずれも市販パッケージを使っている
・営業部門の販売管理は Access で作った独自のシステムをＰＣサーバーで動かしている
・会計システムとは直接は連動していない

- 技術部門では CAD/CAM が長年使われているが、技術情報を管理する PDM や EDB(エンジニアリングデータベース)などのシステムはない
- 東京支店、大阪支店、豊橋工場（技術２部）と本社の間はＶＰＮにて結ばれている
- 保守サービス業務については殆どシステム化しておらず、保守契約管理からサービス員管理、修理案件ごとの管理まで Excel ベースの手作業が中心

システムの開発・運用体制

- 情報システム室は室長を含め７名(うち派遣２名)の人員がいるが、IT の企画ができるのは室長を入れて３名のみ
- AI、IoT を使ったシステム開発の経験はない
- ソフトの開発、保守は全て外部の業者に委託している
- HP も外部業者に作成からサーバー運用まで委託している
- なお電子メールについてもこの業者に運用委託している

内部環境調査に引き続き、外部の IT 資源を調べました。

＜IT 外部環境分析＞

先行類似システムの調査

- 大手 IT ベンダーをはじめ様々な企業で既に AI を使った故障予知システムや予防保全のシステムが作られ稼働している
- こうした先行事例は当システムを作るうえで参考になる
- IoT ベンダーについては大手 IT 企業を始め、電子デバイスを扱う電機メーカーなど多くの企業が IoT ビジネスに参入している
- 機械にどのようなセンサーを付けどのようにデータを収集するかは自社で考えるが IoT の仕組みそのものは外部調達が出来る

AIプラットフォームの調査

・AI故障予知システムとして、ある程度の学習済みモデルを提供し、自社用のデータを追加学習してシステムを完成させる方法も既に市販されている

・また大手ITベンダーなどがAIシステム構築基盤としてAIプラットフォームを提供しているので、これをベースに自社開発する方法がある

保守管理パッケージの調査

・生産管理システムなどの様に多くはないが、保守サービス業務全体をカバーするパッケージシステムが幾つかあることが分かった

・今後IT調達フェーズでその機能性能、運用条件などを調査し、スクラッチ開発との比較をしていく

4-4 方針の決定

プロジェクトでは調査結果を基に池上コンサルのアドバイスを受けながら以下の方針を立てました。

（故障予知システム）

・故障予知システムは競合他社に対して差別化するための手段と位置付け先端 IT を使える人材を育成し、実績のある AI プラットフォームを利用し自社開発する

・但しすべてを自社開発するのではなく機械のセンサーデータをインターネット経由で自社のサーバーに収集する IoT の仕組など既に市販されている部分については購入する

（保守管理システム）

・IT 企画まではプロジェクトの予報保守Gで行うが、これは従来型の情報システムとして外部の IT ベンダーに発注することにする

・このシステムは保守案件の登録管理機能、補修部品の手配機能、サービス員の管理機能そして保守案件にサービス員を割当てて保守計画を立案する機能より構成する

・ただし補修部品の受発注は生産管理システムの機能を利用する

・市販パッケージをカスタマイズする方法を第 1 案として市販パッケージの調査を行う。ただし現時点では 1 から作るスクラッチ開発も排除しない

4-5 システム化構想（要求定義）

　システム化構想ではシステムの様々な要件を検討し設計書としてまとめていきますが、今回はユーザ企業にとって最も重要な"要求定義"に絞って話を進めていきます。

　ここでは先に学んだ適語表現に気を付けながら要求定義書を作ります。今回は2つのシステム「故障予知システム」と「保守管理システム」のうち外部発注する予定の保守管理システムの要求定義書のみを作ります。

演習問題１５：保守管理システムの要求定義-1 （10分）

　先ず「自由ヶ丘工業のプロフィール」の松田取締役(サービス担当)の項に出てくるサービス部門の現状課題を読んで、そのうちの①, ②, ④の課題を適語表現で要求定義に変えてください。

	課題	要求定義
①	修理機械や部品の特定に時間がかかる	
②	機械の修理履歴が整備されておらず、修理伝票の束をめくって機械の現状を確認している	
④	各修理案件の状況が分からず、顧客からの問い合わせに応えられない	

演習問題１５の回答

	課題	要求定義
①	修理機械や部品の特定に時間がかかる	故障受付時に、顧客名から修理機械が直ちに特定できる。また症状を入力すると交換部品が直ちに特定できる ※直ち＝５秒以内
②	機械の修理履歴が整備されておらず、修理伝票の束をめくって機械の現状を確認している	機械毎の修理履歴がカルテとして保存され、必要な時にはリアルタイムで参照できる
④	各修理案件の状況が分からず、顧客からの問い合わせに応えられない	オンコールの修理依頼は案件ごとに進捗が記録され、顧客からの問い合わせに対し、案件情報を検索すれば受付の誰でもすぐに案件ごとの進捗情報を回答が出来る

図表4-8

これは池上コンサルからＯＫがでてうまく書けました。

　次にプロジェクトでは図表 3-11 の To-Be フロー図をもとに要求定義事項を次のように記述しました(但し演習では一部のみ)。

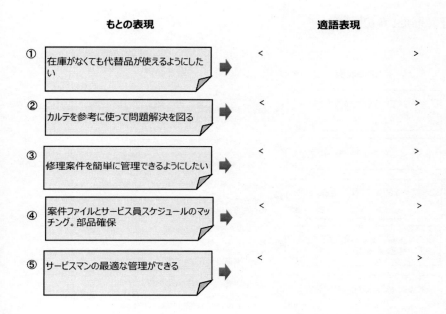

	もとの表現	適語表現
①	在庫がなくても代替品が使えるようにしたい	< >
②	カルテを参考に使って問題解決を図る	< >
③	修理案件を簡単に管理できるようにしたい	< >
④	案件ファイルとサービス員スケジュールのマッチング。部品確保	< >
⑤	サービスマンの最適な管理ができる	< >

しかし、池上コンサルから「適語表現になっていない！」との指摘がありましたので書き直すことになりました。

演習問題１６　保守管理システムの要求定義-２（20分）

　表の右側の＜　＞内に何が不適切かを書き、その下に適語表現で要求定義を書きなおしてください

演習問題16の回答

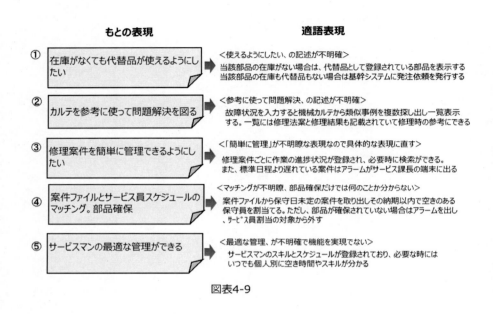

もとの表現	適語表現

① 在庫がなくても代替品が使えるようにしたい
→ <使えるようにしたい、の記述が不明確>
当該部品の在庫がない場合は、代替品として登録されている部品を表示する
当該部品の在庫も代替品もない場合は基幹システムに発注依頼を発行する

② カルテを参考に使って問題解決を図る
→ <参考に使って問題解決、の記述が不明確>
故障状況を入力すると機械カルテから類似事例を複数探し出し一覧表示する。一覧には修理法案と修理結果も記載されていて修理時の参考にできる

③ 修理案件を簡単に管理できるようにしたい
→ <「簡単に管理」が不明瞭な表現なので具体的な表現に直す>
修理案件ごとに作業の進捗状況が登録され、必要時に検索ができる。また、標準日程より遅れている案件はアラームがサービス課長の端末に出る

④ 案件ファイルとサービス員スケジュールのマッチング。部品確保
→ <マッチングが不明瞭、部品確保だけでは何のことか分からない>
案件ファイルから保守日未定の案件を取り出しその納期以内で空きのある保守員を割当てる。ただし、部品が確保されていない場合はアラームを出し、サービス員割当の対象から外す

⑤ サービスマンの最適な管理ができる
→ <最適な管理、が不明確で機能を実現でない>
サービスマンのスキルとスケジュールが登録されており、必要な時にはいつでも個人別に空き時間やスキルが分かる

図表4-9

今度は、適語表現されている、として池上コンサルからOKが出ました。

要求定義が終わったところで榎本リーダーにある悩みが出てきました。

<榎本グループリーダーの悩み>

「予防保守Gメンバーの活動参加率がとても悪い。このままだと計画が大幅に遅れる。理由は分かっている。メンバーは全員が兼務だから本業が忙しく、なかなかプロジェクトに時間を割けないからだ。兼務者ばかりのプロジェクトでどうしようもない」

この問題ばかりは池上コンサルに相談してもどうしようもない、と思いつつも、愚痴半部で話すことにしました。池上コンサルからは意外にも解決案がある、との回答。ただ、その案は社長、専務にお出まし願わないと実現が難しいとのことです。

演習問題１７：プロジェクト時間を増やすアイデア 　（40 分）

その案を想像して下の枠内に書いてください。

いろいろな対策案が考えられると思いますので自由にアイデアを書いてみてください。

演習問題１７の回答

（案1）
- 人事評価制度を変え兼務の業務についても人事評価を行う
- 各メンバーは本業と兼務の比率を申告する（目標管理シートなどで）
- 兼務作業については兼務プロジェクトの長が評価査定する
- 兼務プロジェクトの長は評価結果を本業の本人の上司に送る
- 本業の上司は本業の評価＋兼務の評価を合わせて総合的に評価する
- 部下に兼務者のいる部門長は、部門内の仕事を調整し兼務にも時間を割けるよう配慮する義務を負う
- 上記を人事制度として明文化し実施する

（案2）
- グループの人数を絞り専任化する
- 具体的には榎本課長と情シス室若手社員、サービス部主任の3名にする
- この3名の業務を他の人に移せるよう調整する

　IT 企画作業はある程度 IT の知識も必要になってきます。何も知らない兼任者を大勢集めるより、少数の専任者による作業の方がパフォーマンスは高くなります。案2がおすすめです。

榎本リーダーは池上コンサルの案を先ず高杉部長に相談しました。高杉部長の意見は「案 1 は人事制度の改定が必要になるので直ぐには難しいだろう。案 2 なら上司判断で可能だ。榎本課長は私が上司なので大丈夫だ。サービス主任の専任化は松田取締役、情シス若手社員の専任化は鈴木取締役の了解が得られれば可能かもしれない。先ずは専務に相談してみよう」

　高杉部長、榎本課長の話を聞いた専務は、「この新予防保守システムは今回の戦略の要であり失敗は許されない。私から鈴木取締役と松田取締役に話をつけよう」と言って早速 2 人の取締役に話をつけに行ってくれました。結果は OK。予報保守Gは 3 名の専任者で再スタートとなりました。

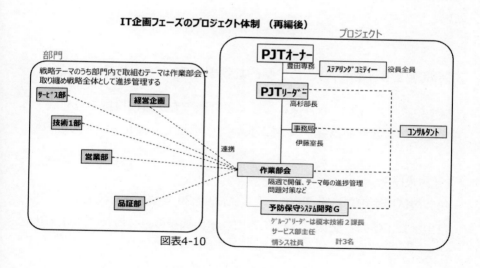

図表4-10

4-6 システム化の効果予測

このシステム導入の効果は次の２つと考えられます。

１つ目は

　新予防保守システムによってお客様の機械の生産性が向上することです。これは当社製の包装機と本山機械製の包装機の生産性と比べて判断します。なお、お客さまへの機械の売込みに当たっては当社機械の高速運転によるスループットの高さも合わせてアピールしますのでシステム化の効果と高速運転の効果を合わせて定量的な計算を行うことにします。

２つ目は

　社内の保守サービスに係る業務の効率化です。これについては定性的な効果として見込みます。

演習問題１８：新システムの定量的な効果算定　　（20分）

　以下の条件のもと、お客様に当社の包装機の方が本山機械の包装機より生産性(1個当たりの包装コスト)が良いこと示してください

<計算条件>
・包装機械の耐用年数を 20 年とする(償却は 20 年で均等とする)
・自由ヶ丘工業の包装機は 1,050 万円、本山機械の包装機は 1,000 万円とする
・年間保守料は自由ヶ丘工業＝11 万円、　本山機械＝10 万円とする
・年間の基準稼働時間はいずれも 2,000 時間とする
・自由ヶ丘工業の包装機の年間故障停止回数を予防保守により 0 回に改善されたとする

146

・本山機械の包装機の年間故障回数は 12 回とし、1 回あたりの停止時間を平均 9 時間とする

・1 時間当たり包装できる個数は自由ヶ丘工業の機械は高速なので 3,300 個、本山機械の機械は 3,000 個とする

・但し、包装コストとして包装フイルム代や機械を動かす電気代などは省いて計算する

＜自由ヶ丘工業＞　　　　　　　　　　＜本山機械＞

お客様で20年間機械を使った場合、包装費用は自由ヶ丘工業の包装機は1個当たり〇〇円、本山機械の場合は□□円となり自由ヶ丘工業の方が△割安くつく。

演習問題１８の回答

プロジェクトでは計算の結果、図表 4-11 の表を作りました

	<自由ヶ丘工業>	<本山機械>
停止時間	0 時間	12回 x 9時間＝108時間
年間稼働時間	2,000時間－ 0 時間＝2,000時間	2,000時間 － 108時間＝1,892時間
年間包装個数	2,000時間 x 3,300個 ＝660万個	1,892時間 x 3,000個≒568万個

20年間での年当たり費用（償却は20年間で均等とする）		
初期費用	1,050万円÷20＝ 52.5万円	1,000万円÷20年＝ 50万円
保守費用	11万円	10万円
年間費用	63.5万円	60万円

1個当たりの費用	63.5万円÷660万個≒0.096円／個	60万円÷568万個≒0.106円／個

お客様で20年間機械を使った場合、包装費用は自由ヶ丘工業の包装機は1個当たり 0.096円、本山工業
の包装機は 0.106円 となり自由ヶ丘工業の方が1割安くつく。

図表4-11

演習問題１９：新システムの定性的な効果(社内)　(10分)

　各部門の定性的な効果を予測し記述してください。

システムの定性的効果

部門	定性的な効果
営業	
サービス	
生産管理	

演習問題１９の回答

プロジェクトでは定性効果を図表 4-12 にまとめました。

システムの定性的効果

部門	定性的な効果
営業	IoTにより顧客の機械稼働情報が常に把握できるので、買い替え時期や機械増設の提案がしやすくなる
サービス	予防保守のため、いつどんなスキルのサービスマンが必要なるのかの計画が立てやすくなりサービスマンの適正配置ができるようになる
生産管理	予防保守のため、いつどんな部品が必要になるのかの計画が立てやすくなり、補修部品の在庫の適正化が図れるようになる。結果、在庫コストが下がる

図表4-12

【コンサルタントのコメント】

　今回の定量効果は社外の顧客向けに計算しました。しかし社内的にも顧客が当社機械の生産性の良さを認めたことが、どの程度受注増につながるかの仮説を作り定量的に見積もってみても良いかもしれません。そのほか保守サービス員の最適配置による工数の捻出も仮説を作って計算できそうです。

【コメントは以上】

　予防保守Ｇでは営業戦略上もよい資料が出来たと思い、グループリーダーの榎本課長が営業担当の山葉取締役に説明に行きました。
説明を聞いていた山葉取締役が、少し腕組みして考えた後、「生産性向上に

は高速化の方が余程効果がある。大金をかけて新予防保守システムを作らなくてもいいのではないか」と言い出しました。

その根拠は次の計算です。

「新予防保守システムは、本山機械に対し年間 108 時間 ✕ 3,000 個＝324,000 個の差をつけられる。一方、高速運転による差は年間 2,000 時間 ✕ 300 個＝600,000 個で高速運転の方が圧倒的に効果がある。予防保守システムを作るより高速運転に力を入れたほうがよいのではないか」

　榎本リーダーはその場で山葉取締役に反論できずグループに持ち帰ってこの問題を検討することになりました。新予防保守システムの開発をやめるというのは追加戦略そのものをやめることになり大問題です。山葉取締役はもともと IT 嫌いなのでこんなことを云いだしたのだ、などと愚痴も言いたくなります。

　グループでいろいろ検討しましたが結論が出ず、結局、プロジェクトオーナーの専務に資料を見せてお伺いを立てることになりました。

演習問題２０：専務の判断　　（20分）

専務になったつもりでこの件についての結論とその理由を述べてください

結論：

理由：

演習問題２０の回答

> **結論：追加戦略は変更しない。**
>
> **新予防保守システムの開発は続行する。**
>
> **理由：**
>
> **（１）予防保守システムが高速運転を担保する**
>
> 　高速運転は故障が発生しやすい。現に「高速運転時の不良品発生問題」が起きている。予防保守によりその問題が解決できる。
>
> **（２）新予報保守システムは将来当社にとって新たな価値を生む**
>
> 　顧客機械・稼働状況を完全に把握できるので買い替え、追加機械の販売で有利になる。また保守要員の手配が計画的に行へ要員不足対策にもなる。更に将来的には顧客の機械の運用管理ビジネスへ発展できる。
>
> （この問題に関してはコンサルタントからのコメントはありません）

　山葉取締役には専務の意向をお伝えし、この件は一件落着となりました。

4-7　その他項目

予防保守Ｇでは更に次の４項目について検討し企画書をまとめ上げました。

（１）開発大日程：他社事例などの調査から当初案よりも長くかかると判断し、調達工程から開発・導入までを 12 カ月かかる計画に修正しました。

（２）推進体制：現状の予防保守Ｇにヘッドハンティングする予定の先進 IT人材を加えた陣容に強化します。

（３）費用見積もり：現時点では正確に見積もりが出来ないため他社事例を参考に概算として

　　・故障予知システム：約２億円〜３億円としました。

・保守管理システム：約7,000万円の見積もりを企画書に載せることにしました。

（4）リスク対策： 今回のシステムはお客様の機械とインターネットを介して常時、大量のデータをやり取りします。　従って一番のリスクはサイバー攻撃です。その為ベンダー選定にあたってはセキュリティーに強い信頼のおけるベンダーを選ぶようにします。また、この地区は巨大地震も想定されている地域なのでBCP対策(※4-3)も重要です。次のIT調達フェーズで具体的に検討しますが、クラウドサービスの利用で解決する案が有力なようです。

（※4-3）　BCP(Business Continuity Plan) 事業継続計画

　以上で予防保守Gの作業が終わり、後はIT企画書としてまとめ社長、役員プレゼンを行います。

4-8 IT 企画の最終プレゼン

　11 ヶ月に亘ったプロジェクトもいよいよ最終局面になってきました。まとめ上げた IT 企画書をプロジェクトリーダーの高杉部長から社長、専務、役員にプレゼンします。

包装機事業部　情報化企画書

1. 戦略実現のための新システムについて
2. 新システムの構築方針
   (1) 故障予知システム
   (2) 保守サービス計画管理システム
3. 新システムで実現したい機能（要求定義）
4. 新システムの効果
5. 新システムの費用見込み
6. 新システムの開発計画
7. 推進体制
8. 承認いただきたい事項
   ・新システムの構築方針
   ・新システムの効果と費用見込み
   ・IT調達フェーズの着手と推進体制

図表4-13

　役員からの質問は予想通り「費用」に集中しました。ただ、この段階では正確に見積もるのは困難で、高杉部長が次の IT 調達フェーズでの調査まで待って欲しいと答えたところ、費用面は保留とし、その外の新システムの構想案や次フェーズの日程及び推進体制は承認されました。

第 5 章

IT 調達・導入時の注意事項

－池上コンサルのアドバイス－

プロジェクトチームは一旦ここで終了し、これ以降はまた新しいフェーズに移ります。

IT 企画フェーズを終わるにあたって池上コンサルから次の調達・運用フェーズに向けてのアドバイスがありました。

"失敗しないための IT マネジメント"の観点でお話しします。

5.1　IT 調達段階における注意点

　IT 調達とは情報システムのハードウェア、ソフトウェア、SE サービスなどを購入することを云います。ハードウェアはさておき、ソフトウェアも SE サービスも購入物が買う時点で見えるわけではありません。見えないモノを購入するのは本当に難しいです。高い買い物に失敗するかもしれません。ここでは、システム導入が成功、と言えないまでも失敗にならないためのマネジメントポイントを何点かお話しします。

　先ず調達フェーズの工程は図表 5-1 のようになります。

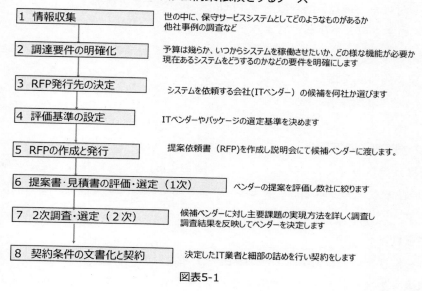

ITベンダーにシステム構築依頼をするケース

1　情報収集	世の中に、保守サービスシステムとしてどのようなものがあるか 他社事例の調査など
2　調達要件の明確化	予算は幾らか、いつからシステムを稼働させたいか、どの様な機能が必要か 現在あるシステムをどうするのかなどの要件を明確にします
3　RFP発行先の決定	システムを依頼する会社(ITベンダー)の候補を何社か選びます
4　評価基準の設定	ITベンダーやパッケージの選定基準を決めます
5　RFPの作成と発行	提案依頼書（RFP)を作成し説明会にて候補ベンダーに渡します。
6　提案書・見積書の評価・選定（1次）	ベンダーの提案を評価し数社に絞ります
7　2次調査・選定（2次）	候補ベンダーに対し主要課題の実現方法を詳しく調査し 調査結果を反映してベンダーを決定します
8　契約条件の文書化と契約	決定したIT業者と細部の詰めを行い契約をします

図表5-1

5-1-1　情報収集

　故障予知システムと保守管理システムの動向をしらべます。故障予知システムについては AI、IoT の実装技術やそれらを販売している企業などをしらべ、保守管理システムについては市販パッケージなどを調べます。また IT の進歩は早いのでその他の IT 動向も調べておきます。

　調べる時は、漫然と聞いてくるのではなく、"調査表"を作り質問事項などをまとめて聞くようにします。その為には当然、どのようなものをどの様な条件で調達したいかをある程度決めておかなくてはなりません。

　最初は何もわからないのでそのような基準は作れない、と言うかもしれませんが、分からないなりに何らかの"評価軸"をもってしらべるようにして下さい。

<注意点>

　気を付けたいのは、調査段階で「気に入ったシステムに運よく（？）出会い」そのまま導入を決めてしまうケースです。よく見受けられます。このシステムは単にセールスマンの売込みがうまくよく見えただけかもしれません。兎に角時間を惜しまず、多くのシステム、多くのベンダーに会い"目を養う"ことに心掛けてください。

5-1-2　調達要件の明確化

　予算は幾らか、いつからシステムを稼働させたいか、どの様な機能が必要か、現在あるシステムをどうするのか、など調達にあたっての要件を明確にします。

<注意点>

　気を付けたいのは、要件を細かく決めすぎない、ことです。例えばシステム構築方法はパッケージを利用するのか、1からつくるスクラッチ開発にするとかという選択があります。

　例えば「パッケージとする」と調達要件を決めてしまうと、ベンダーからの提案が制約されてしまいます。もしかしたらスクラッチ開発でも短期に安く良いシステムを作る手立てを持っているベンダーがいるかもしれません。良い提案が出る自由度をある程度ベンダーに持たせておいた方が良策でしょう。

5-1-3　提案依頼書（RFP）発行先の決定

　システム開発を依頼する会社(ITベンダー）の候補を何社か選びます。小規模だが地場でフットワークの良い会社、大手だがサポートは東京からとなる会社、有力なパッケージを持っているがカスタマイズに費用が掛かりそうな会社、いろいろなタイプの会社があります。

<注意点>
　最低でも４社程度は声をかけるようにしましょう。

5-1-4　評価基準の設定
ベンダーやパッケージを選定するときの評価項目を決めます。
<評価項目の例>
　　　①調達要件適合度
　　　②機能充足度
　　　③プロジェクトマネジメント能力
　　　④担当 SE の能力
　　　⑤設計段階での支援
　　　⑥移行運用段階での支援
　　　⑦担当営業の対応力
　　　⑧類似システムの実績(パッケージの納入実績)
　　　⑨操作性（パッケージの場合）
　　　⑩処理性能
　　　⑪システム運用形態
　　　⑫会社としての対応能力
　　　⑬開発スケジュールの妥当性
　　　⑭安全性・BCP 対策
　　　⑮費用（導入費用・運営費用）
　　　⑯特段の優位点

<注意点>
　これらの評価項目には重要視したい評価項目とそうでない項目が混在しています。したがって各項目にはウェイトを掛けて評価します。

何を重要視するかは会社ごとに違います。②, ⑮はどの会社でも重要視すると思います。

　システム開発の成否に大きく影響するのは③, ④, ⑤, ⑥, ⑦です。ただこれを提案時点で見抜くのは難しいので出来たら信頼のおける専門家（コンサルタント）に入ってもらうことをお勧めします。

　また提案書、提案プレゼンだけではどうしても判断が難しい項目はウェイトを下げておくのもひとつの方法です。

5-1-5　RFP の作成と発行

　提案依頼書（RFP)を作成し説明会を開いて候補ベンダーに渡します。
図表 5-2 に RFP の事例（目次のみ）を参考に載せます。

＜注意点＞

　RFP は大変重要なドキュメントですが、その作成は専門知識を必要とします。RFP を書きなれたシステム担当者がいる場合は別ですが、いないのであれば専門家に依頼することをお勧めします。

提案依頼書(目次)

―― 図表5-2 ――

5-1-6 提案書、見積書の評価・選定(一次)

　ベンダーの提案書、見積書を評価し数社に絞ります。

＜注意点＞

① 費用については各社の提案書を"正規化"して評価する

　RFP は同じものを渡しているのに各社の提案書の内容はまちまちです。例えば BCP 対策について A 社からは何も書いていない提案書、B 社からは簡単な対策、C 社からは詳細な対策が書いてある提案書が来たとします。当然費用面にその差が現れてきます。A 社は BCP 対策費がない分費用が安く計上されています。費用面を公正に比べるためには B 社、C 社の BCP 対策費を除いて比較するか、A 社に BCP 対策費を見積もるよう再度要請すべき

161

です。また、B 社についても C 社なみに充実した対策にすると幾らになるかを問合せ、再見積もりした金額で比較するか、C 社に対し B 社なみに簡素な対策にした場合幾らになるか再見積もりを出してもらいその金額を使って費用の比較をすべきです。いずれの場合にも BCP 対策を簡素にするか充実したものにするかは自社内で決めねばなりません。

② MUST 条件で先ず選別し次に WANT 条件で算定評価する

　評価項目の合計点で決めてはいけません。幾ら合計点が高くても MUST 条件(必須項目)が満たされない提案は外します。そして MUST 条件をクリアした提案のみを評価リストで比較し、その得点で判断をします。MUST 条件の例として「予算の上限額」「当社業界の経験実績必須」「請負契約」「クラウド運用」などが考えられます。しかし MUST 条件にするかしないかは "こだわる" か、どうかです。「クラウド運用」に特にこだわるのであれば MUST 条件に入れ、そうでなければ他の評価項目と比較し適当なウェイトを付けて WANT 条件(希望条件)とします。尚、MUST 条件のほとんどはウェイトの大きな WANT 条件項目として再度評価リストに組み入れられます。

　MUST 条件でふるいにかけられ WANT 条件で総合評価された得点の高い提案が有力候補となりますが、最後にもう一度リスク分析 (本当にこの提案を受け入れて大丈夫か、潜在的なリスクはないか) を行って選定を確実なものにします。

③ ハロー効果に注意

　人事評価などと同じで、ハロー効果に気を付けねばなりません。A 社は大企業だからと言うので、詳しく調べもしないでプロジェクトマネジメントは優れているハズ、SE も優秀なハズ、として評価してしまうことです。その項目について評価する十分な情報が得られていないときに、こうなりが

ちです。

④ その他の注意点

以下のような提案は注意すべきです。

・要件定義期間や要件定義への投入マンパワーが少ない提案
・テスト・試行に十分時間を取っていない提案
・各要求機能に対し、ただ「可能」とだけしか書いてない提案
・ベンダー側が売りたいだけの余分な製品が入っている提案
・プレゼン時は優秀な「営業支援 SE」、しかし派遣されてくるのは「凡庸な SE」

提案書のプレゼンは必ず担当マネージャーか担当 SE に行ってもらうようにします。

5-1-7　2次調査・選定

1次審査通過ベンダーに対し主要課題の実現方法を詳しく調査し、調査結果を反映してベンダーを最終決定します。

<注意点>

① パッケージの場合は適合度が重要

そのパッケージが当社の業務プロセス(勿論To-Be)合ったプロセスモデルを持っているかどうかを調べることは大変重要です。このプロセスが記述されている資料をベンダーから貰い、比較調査するようにします。1次選定の時にこの調査をする余裕があれば、1次選定時に実施しておくのが良いでしょう。一般に、そのパッケージに何が出来るかを気にしますが、逆にそのパッケージでは何が出来ないかをよく聞きしらべることも重要です。

② 2次調査の時点でF&G分析(※5-1)を行っておく

F&G分析をベンダー決定後に行うことが多いのですが、出来たらこの2次調査時点で行っておくのがベターです。当社の要求事項をノンカスタマイズで何件満たすか、アドオンが何件必要かをしらべます。主要な要求項目に絞れば比較的短期間で出来るのではないかと思います。有償での作業になる可能性がありますが、この費用は惜しまない方が、失敗が少なくなり、結果的に総費用を安く出来ます。

（※5-1）：　ユーザ側で実現したい機能がベンダーが提供するパッケージに有るか／無いか、を評価する作業。業者選定時にこの作業を行えば"適合性"がよいパッケージを選ぶことができる。また業者選定後にこの作業を行うことでパッケージに追加しなければならない機能が明らかになる。

③ 更に念押しでパッケージの試用を行う

　試用の費用を覚悟して1社あたり1ヶ月程度借用し使ってみる。勿論マスタ設定などの作業にSE工数がかかり費用が発生しますが、ここまで押さえておけばパッケージ選定の間違いによる失敗は防げます。

　スクラッチの場合は、試すモノがありませんのでそのベンダーが納品した類似システムの訪問調査をします（どこまでわかるかの限界はありますが）。

＜パッケージ購入かスクラッチ開発か＞

　システム化対象業務がどの会社でも似たり寄ったりで変わりがないと考えられる場合にはパッケージが第一選択肢となります。代表選手は会計ソフトです。わが社は独特の会計ルールで会計処理をしている、などと言う会社はまずありません。ですからほとんどの会社は市販パッケージを導入し

て会計処理をしています。今回の保守サービスの市販パッケージは販売管理システムや生産管理システム程多くはありませんが幾つかありますので調べて候補にしておくと良いでしょう。

　よく我社の処理は独特なモノがありパッケージが使えない、と言う方がいますが、自分は特殊と思っても業務プロセスや情報を抽象化すれば同じになりパッケージが使えるケースも少なくありません。

　特殊⇒優位性、なら良いですが、**特殊⇒煩雑な仕事**、の場合は仕事のやり方そのものを整理改善すべきで、その場合にパッケージのやり方がスマートであれば、そのままパッケージに従って自社のやり方を変えたほうがいいでしょう。

　特殊⇒自社の特別な政策を反映したい、というような場合は別です。私の経験した例では、ある製造業の販売管理システムの再構築で、"販売政策"を新システムに組み込みたい、と言う要望が出され、その政策を反映させるロジックを考えたことがあります。このような場合には市販パッケージは全く使えません。パッケージにアドオンして作れなくもないですが、その場合は大変な作業が予測されました。このケースは**特殊⇒政策⇒差別化**、で理由があるわけですからスクラッチ開発となるわけです。

＜ウォーターフォール型かアジャイル開発か＞

　アジャイル開発が新しいソフトウェア開発手法で、ウォーターフォール型は旧い開発手法と言うのは正しくはありません。ウォーターフォール型、アジャイル型それぞれ一長一短ありケースバイケースで使い分けていくものです。

アジャイル開発はシステム全体の要件を一度に確定するのではなくイテレーションと言われる単位に区切ってその都度要件を決め開発していく手法

です。短い単位でソフトウェアの完成品を作って行くため、大きな手戻が発生しない確実な開発法である反面ユーザが常時システム開発に参画することを前提としており、また IT に関しての知識も要求されるため、IT 人材に余裕のない会社では取り入れるのが難しい手法でもあります。

5-1-8 契約条件の文書化と契約

　決定したIT業者と細部の詰めを行ったうえで契約を交わします。ベンダーが提示する契約書をよく見もしないでそのまま締結することは危険です。苦痛でも隅から隅まで目を凝らして読むようにし、RFPと提案書に照らし合わせてチェックします。そして、少しでも気になる点があればベンダーに問いただし納得できない場合には必ず訂正するよう要求してください。

　誰がこの作業をやるかですが、今回の場合はプロジェクトリーダーである高杉部長と事務局の伊藤室長で行うべきと思います。社内に法務担当がいる場合には当然入ってもらいます。

　ではどのような点に注意して契約書をチェックすればよいでしょうか。それをお話しします。

＜注意点＞

① 契約形態の注意点

　システム開発の工程は要件定義、外部設計、内部設計、ソフトウェア開発、移行・導入などの工程がありますが、その工程ごとに契約を行う多段階契約と全工程を一括して契約する一括契約の選択肢があります。

　一般にベンダー側は工程を区切って契約することを望みます。それは一括によるリスク回避と要件定義が終わらなければ次のソフトウェア開発の工数(費用)が正確に見積もれないためです。

　一方、ユーザ側は多段階契約だと工程毎の成果物についてその都度、評価をする必要があることから一括契約を望みます。また多段階契約ですと前工程が終了しないと次の工程の費用が確定できないため何度も予算確保を行わなければならないなど不都合な点もあります。

　お奨め案は、要件定義とそれ以降(外部設計、内部設計、ソフトウェア開発、移行・導入支援までを構築工程と呼ぶことにします)の2つに分けるこ

とです。要件定義工程は準委任契約、構築工程は請負契約とします（※5-2）。ベンダーは移行導入支援の工程を準委任で別契約にしたがりますが、ソフトウェア工程の最終工程と見做すべきもの、と主張し一括を押し通すべきです。

　開発規模が大きくなる場合には、構築工程を 1 期、2 期と分け期毎に契約することもあります。この場合でもできたら 2 期目分の見積もりも 1 期分と一緒に出してもらうようにします。

　要件定義は準委任で、と言いましたが、もしベンダーが了解するのであれば要件定義工程も請負で契約した方が良いでしょう。

（※5-2）　請負契約の場合にはベンダー側に完成義務があり、ソフトウェアが完成しなければ報酬請求権が発生しません。またバグ（瑕疵）がある場合には瑕疵担保責任が生じます。これに対し準委任契約ではソフトウェアが完成しなくても報酬請求が出来、瑕疵担保責任もありません。なお、"瑕疵担保責任"は 2020 年 4 月の民法改正で"契約不適合責任"の文言に改訂されています。

② 契約内容の注意点

チェックすべき契約内容を以下に列挙します。
・何をもってソフトウェアの完成とするかをハッキリ書く
・工程作業ごとの役割分担をハッキリ書く
・仕様変更ルールを明記する
・プロジェクトマネジメント責任を明確に書く（請負の場合ベンダーにプロジェクトマネジメント責任があります。また多重下請けに注意）
・たとえ準委任契約であっても要件定義書は検収行為を行うよう書く

・試行期間を長くとる契約にする

・検収作業には十分な時間を掛ける契約にする

・契約書の内容が提案書、見積書の内容と違っていないかチェックする

　提案書は営業段階での話なので受注を取るために、厳しい条件やベンダーに不都合なことは書かれていません。契約書案をもらった段階で、おや少し違う、厳しい条件が書いてある、と言うことが良くあります。例えば提案時には一括請負契約であったが契約時点で一部が準委任になっているようなケースです。必ず提案書の内容と契約書を見比べてチェックしてください。提案書の内容を契約書に間違いなく反映させるには、契約書の中で提案書の該当部分を引用した書き方をするのが効果的です。

演習問題２１　システム開発段階での役割分担　（15分）

　図表 5-3 は契約書に載せるユーザとベンダーの役割分担表です。
作業ごとに主担当側に〇、協力支援側に△を付けてください
Uはユーザ、Vはベンダーです。

工程	U	V
1．プロジェクトマネジメント：プロジェクトの全期間		
プロジェクトに関する社内的な課題を解決するためのマネジメント		
システム構築に関する課題を提起し解決を図るためのマネジメント		
システム構築実施計画書の作成		
システム構築実施計画書のレビューと承認		
プロジェクト管理報告及び会議議事録の作成		
プロジェクト管理報告及び会議議事録のレビューと承認		
2．現状理解（相互理解）		
ベンダー側が当社の現状、課題、目的などを理解し共有化する		
当社側がPKGの導入教育を受けPKGについて理解を深める		
3．基本設計 課題解決の方策を検討し運用も含めてシステムの基本設計を行う		
要件定義書を作り当該PKGでの実現性を検討・分析する		
要件定義書とF&G分析書の承認		
対象とする業務全体の情報システムの基本設計を行う		
基本設計書の承認		

4．詳細設計			
	カスタマイズ、アドオン仕様を最終化しプログラム設計を行う		
5．プログラム開発			
	パッケージのカスタマイズ及びアドオンプログラムの製作		
	プログラム単位のテストおよびプロセス間のインターフェーステスト		
6．利用環境の整備			
	マスター整備		
	データ移行		
	マニュアル作成		
	教育訓練		
7．稼働環境の整備			
	ハードウェア、ネットワーク環境の整備		
8．総合受入テスト計画の立案と実施			
	総合受入テスト計画書の立案		
	総合受入テストの実施		
9．試行（仮稼働）と並行運用			
	試行（仮稼働）により実務データでの検証を行う		
	実施結果のレビューと問題対策		
10．本番移行の判断			
	仮稼働の結果を受けて本稼働に移行するかどうかの判断をする		

演習問題２１の回答

工程	U	V
１．プロジェクトマネジメント：プロジェクトの全期間		
プロジェクトに関する社内的な課題を解決するためのマネジメント	○	△
システム構築に関する課題を提起し解決を図るためのマネジメント	△	○
システム構築実施計画書の作成	△	○
システム構築実施計画書のレビューと承認	○	△
プロジェクト管理報告及び会議議事録の作成	△	○
プロジェクト管理報告及び会議議事録のレビューと承認	○	△
２．現状理解（相互理解）		
ベンダー側が当社の現状、課題、目的などを理解し共有化する	△	○
当社側がPKGの導入教育を受けPKGについて理解を深める	○	△
３．基本設計 課題解決の方策を検討し運用も含めてシステムの基本設計を行う		
要件定義書を作り当該PKGでの実現性を検討・分析する	△	○
要件定義書とF&G分析書の承認	○	△
対象とする業務全体の情報システムの基本設計を行う	△	○
基本設計書の承認	○	△

4．詳細設計			
	カスタマイズ、アドオン仕様を最終化しプログラム設計を行う	△	○
5．プログラム開発			
	パッケージのカスタマイズ及びアドオンプログラムの製作	−	○
	プログラム単位のテストおよびプロセス間のインターフェーステスト	−	○
6．利用環境の整備			
	マスター整備	○	△
	データ移行	○	△
	マニュアル作成	○	△
	教育訓練	△	○
7．稼働環境の整備			
	ハードウェア、ネットワーク環境の整備	△	○
8．総合受入テスト計画の立案と実施			
	総合受入テスト計画書の立案	○	△
	総合受入テストの実施	○	△
9．試行（仮稼働）と並行運用			
	試行（仮稼働）により実務データでの検証を行う	○	△
	実施結果のレビューと問題対策	○	△
10．本番移行の判断			
	仮稼働の結果を受けて本稼働に移行するかどうかの判断をする ○	○	△

図表5-3

注：この章はコンサルタントの解説だけですのでこの章の演習問題にはコンサルタントの
コメントはありません。

　情報システムを完成させるには図表 5-3 にもあるようにユーザ企業側で
も多くの”作業“があります。しかし、企業幹部にはそれが見えていません。
その為、兼務でプロジェクトメンバーになった社員に多くの負荷とストレ
スがかかります。システム構築はベンダーに任せて出来るのではなく、ベン
ダーと協力して多くの作業を行いながら作って行くものです。この点を社
長、役員など幹部によく認知してもらう必要があります。「経営幹部への説
明活動」はプロジェクトリーダーの重要な勤めの一つです。

　筆者は裁判所の IT 専門委員（※5-3)をしていますが、この契約書を軽視

したために後々後悔する羽目になった会社を多く見ています。何故トラブルを起こしたかの原因を探るとその一つは契約書の不備にあります。不備な契約書をお互いが自分の都合の良いように解釈し、その間に争いが起こります。

コラム3　IT 裁判での争点

ケース①　システムは完成していない（User）／している（Vendor）

（U）完成していない → （V）完成している → （U）この機能が使えない→
（V）その機能は無理やり作らされたサービス → （U）サービスでも約束した機能
→（V）サービス機能なのでこの程度までしか作れない

　★サービスで追加した件は一切契約書には書かれていない

ケース②　その瑕疵は元請けの責任である／下請けの責任である

（先ずユーザからクレームがでる）

（元）原因は下請け作成のソフトウェアのバグ→（下）元受の指示した仕様で作成
した → （元）指示に間違いはない下請けのソフトウェアのバグが原因→（下）元請
けの結合テストで見逃したのも原因

　★元請け下請け間で責任範囲が明確に記されていない契約書

ケース③　それは契約書の範囲内の機能である／範囲外の機能である

（セキュリティ絡みで問題が発生した）

(U)至急対策をしてほしい → （V)セキュリティ対策は別料金 →
(U)セキュリティはソフトウェア開発とセットだ → (V)セキュリティ対策は切りがない、
受注金額では無理

　★契約書は「○○のソフトウェア開発一式」の記述のみ

　２つ目の例はベンダー間での争いですが、IT 業界は多重下請けが多いのでユーザ
企業としても開発途上でこのようなことが起こりうることを知っておくことは必要です。

（＊注 5-2）裁判所の専門委員とは技術的な専門性が争われる裁判において専門
家としてその分野の知識を提供し裁判を支援する裁判所の非常勤職員のこと

5-2 IT 導入フェーズの注意点

　IT 導入フェーズは実行計画書の作成から始まり要件定義、プログラム開発、総合テスト、運用準備、試行・本番移行の各工程があります（図表5-4）。

　以下順に注意点を説明していきます。

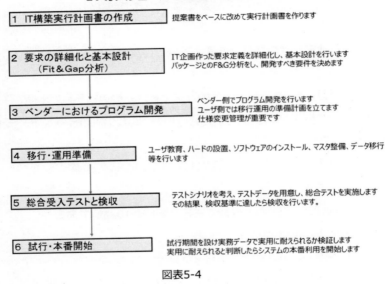

IT導入フェーズの基本プロセス

| 1　IT構築実行計画書の作成 | 提案書をベースに改めて実行計画書を作ります |

| 2　要求の詳細化と基本設計
（Fit＆Gap分析） | IT企画作った要求定義を詳細化し、基本設計を行います
パッケージとのF＆G分析をし、開発すべき要件を決めます |

| 3　ベンダーにおけるプログラム開発 | ベンダー側でプログラム開発を行います
ユーザ側では移行運用の準備計画を立てます
仕様変更管理が重要です |

| 4　移行・運用準備 | ユーザ教育、ハードの設置、ソフトウェアのインストール、マスタ整備、データ移行等を行います |

| 5　総合受入テストと検収 | テストシナリオを考え、テストデータを用意し、総合テストを実施します
その結果、検収基準に達したら検収を行います。 |

| 6　試行・本番開始 | 試行期間を設け実務データで実用に耐えられるか検証します
実用に耐えられると判断したらシステムの本番利用を開始します |

図表5-4

5-2-1　IT 構築実行計画書の作成

　決定ベンダーの提案書の計画書を基に改めて開発日程を具体的に決めていきます。提案後の交渉、検討で決まった内容を反映した実現可能なスケジュールを作ります。

＜注意点＞

要件定義工程や試行期間が十分とられているか改めて確認します。

5-2-2　要件定義と基本設計（Fit & Gap 分析）

　IT 企画で作った「要求項目一覧」を「要件定義書」として具体化する作業です。要件定義作業は、ユーザが実現したい機能、性能を過不足なく正確にベンダーに伝え、ベンダーは依頼された内容を要件定義書にまとめます。これはユーザ、ベンダー両社間で「何を依頼したか」「何を依頼されたか」の約束事となる重要なドキュメントです。

　ところが、この要件定義の不備を原因とするシステム構築失敗例が後を絶ちません。ビジネス誌によれば 30 年来この要件定義の失敗がシステム開発失敗原因の第一位を占めています。

＜注意点＞

① 要件定義書のチェック

　ベンダーＳＥの書いた要件定義書が適語表現されているかチェックします。適語表現の重要さは第 3 章で詳しく述べました。

説明図を適時描き要件定義書に付け加えて説明を補うよう要求します

（適語表現も同じですが、要するにコミュニケーションの問題です）

ソフトウェアづくりにおいては建築や機械と違いシステムが完成し、使ってみるまでその不具合が見つからないことが多いため、この要件定義段階での注意深い作業が特に重要となります。

② 議事録のチェック

　ベンダーが書いた議事録やシステムフロー図は必ず一字一句目を通しチェックするようにします。

準委任で要件定義を依頼した場合には、要件定義書の検収と言う行為はないので、出来るだけ完成度の高い要件定義書になるよう、作業途中でよくチェックします。

そしておかしいと思う点があれば指摘し訂正するように要求します。

　具体的には作業ごとにベンダーが議事録を書くので、その議事録は社内

の関係者でよくチェックし、少しでも？と思う点は確認し必要な場合には直ちに訂正するようにします。

③ 追加要求は極力控える

以下はよくありがちなケースです。

- 要件定義をプロジェクトメンバーがベンダーに機能を"要求"する作業と思って要求項目を次から次へと追加で出す
- ベンダーはそれを誰が要求したかも関係なくユーザ企業の意思であるとして要件一覧にどんどん追加する
- 中には、一部が同じ様な機能を別機能として一覧表に入れてしまう
- 要件定義作業が終わり、構築工程の見積もり額が出たところでその余りの高さに驚く

　基本設計作業としては要件定義書作成以外にもシステムフロー図の作成や通信環境の整備計画、BCP 対策の立案、システム移行計画やシステム運用方法の設計などがあります。

　要件定義書を含む基本設計書は、各プロジェクトメンバーで手分けして詳しくチェックし、全体としてはユーザ側、ベンダー側それぞれの責任者の承認を得て確定します。

5-2-3　ベンダーにおけるプログラム開発

　開発すべきカスタマイズ、アドオンプログラムが決まりますとベンダー側での開発作業が中心となります。開発作業はプログラム設計、プログラミング、単体テスト、結合テストに分けられます。

　週次または隔週で進捗会議を行いベンダー側から開発状況や課題の報告を受けます（開催頻度は開発システムの規模にもよります）。

＜注意点＞

① 仕様変更ルールとルートを明確にしておく

　この段階になるとユーザもシステムを使うイメージが具体的になり、当初の要求項目を追加、変更したくなります。一方ベンダーは既に開発に着手しています。ここで重要なのは変更ルールです。変更発案者から変更決定までのルールとルートを契約時点で決め、それを守りながら仕様変更を行います。検討ミーティングの席上メンバーが「一個人の希望」として発言した内容が、いつの間にか正式な要件定義一覧に加えられてしまうことが良くあります。このようなことは避けねばなりません。

② 進捗会議では技術的な問題も含めて見える化を図る

　進捗会議では進捗％の報告だけでなく、技術的内容についても分からなくてもいいので、ある程度は報告してもらうようにします。またプロジェクト管理上の問題が起きていないか聞くようにします。IT業界は多重下請け構造になっており、これが時々システム開発の遅れや失敗原因になることがあります。

以下、よくあるケース

・ソフトウェア開発が下請けに丸投げされる
・問題が起きてもマネジメント不在で下請けのSEにしわ寄せ
・下請けSEの疲弊と退社
・その結果、品質問題や遅延問題が起こる
・完成度の低いソフトウェアが納品されユーザが迷惑する

進捗会議ではベンダー側の開発状況も含め進捗状況の見える化を図るようにします。

③ ユーザ側の作業と義務を怠らない

またユーザ側にもこの間に次のような作業があります

- 業務マニュアルの作成
- データ移行計画の立案
- マスタ整備計画の立案
- 教育訓練計画の立案
- 積み残し分(2期分)の要件定義
- 納品プログラムのテスト

　これらの作業を怠りユーザ側の責任でシステム開発が遅れる事態にならない様に注意してください。またこの間にベンダー側から問題を投げかけられたら放置することなく直ちに対応してください。

　例えばこんなケースです。「当社パッケージでこの要件を実現しようとすると、幾つかの制約があることが分かった。ユーザ側の運用を工夫することで解決できませんか？」

　システム開発に置いてベンダーは法的にはプロジェクトマネジメント責任を負います。ソフトウェア開発上の問題や解決案をユーザに提示する責任や、開発状況をユーザに伝える責任などです。

　一方ユーザ側はベンダーに対して協力義務があります。協力義務とはベンダーから投げかけられた問題に誠実に応えること、決断すべき時に決断をすること等です。これらの責任や義務を怠ると、万が一裁判になった場合に不利となります。

5-2-4　移行・運用準備

　ハードの設置、ネットワーク環境の整備、ソフトウェアのインストールなどの稼働環境整備とデータ移行、マスタ整備、教育訓練、業務マニュアルの

作成などの利用環境整備があります。

＜注意点＞

　ハードの設置やソフトウェアのインストール、教育訓練はベンダー主導で行います。データ移行、マスタ整備はベンダーの支援を得てユーザが行います。業務マニュアルの作成は業務を知っているユーザが作ります。この業務マニュアルが本番稼働までにできず、システムマニュアルで代用し現場が苦労するケースが多いので注意してください。

5-2-5　総合受入テストと検収

総合受入テストの目的は主に次の3点です。

　①機能性能が RFP ないしは最終提案書(契約内容)に適合しているか

　②品質が実務に使えるレベルに達しているか

　③利用環境、稼働環境が実運用に耐えられるレベルに達しているか

　そのため総合受入テストでは実務データを使い計画したシナリオに沿って実行していきます。休日などを使い各端末に要員を配置して行います。テスト結果を得るためには事前に調査カードを作り実施結果がどうであったのか、どのような操作をしたらどのような不具合が発生したのかを記録します。

　テスト時に発生した不具合が解消され、新システムが検収基準に達したら総合受入テストを終了し検収を行います。

＜注意点＞

・先ず通常の業務処理で支障なく使えるかどうかチェックします

・ネックとなりそうなプロセスに大きな負荷をかけ応答性を評価します

・想定される操作ミスをしたときのシステムの動作をチェックします

- 異常なデータを入力し、それが発見されるかどうかチェックします
- 発生した不具合については具体的に記録しベンダーへ改修指示が出せるようにしておきます
- 操作画面の使いやすさ、画面遷移、レスポンスなど操作上の問題などについても具体的に記録しベンダーに改修指示が出せるように記録します
- 照明、油汚れなど現場での作業環境がシステム操作上不都合はないかをチェックします
- 障害が起きたときの業務に与える影響はどの程度かを調べます
- 障害時にどの程度の時間でリカバリーできるかを調べます
- 重要なことはあらかじめ検収基準を決めておくことです

5-2-6 試行(仮稼働)、本番開始

　新システムを実務で仮稼働します。実務データを使い現システムと並行稼働させます。システムにもよりますが、数ヶ月程度は試行期間を設けます。システムの初期不良や運用上の改善を行い、システムを成熟させます。判定基準に照らし合わせ本番移行が可能かどうかを判断します。判断の結果移行となれば旧システムを停止し新システムを本稼働させます。

演習問題２２：本番移行の「判断基準」（20分）

本番移行の「判断基準」を決めてください。

尚、判断基準の各項目は数値データが採れるものを選んでください

判断基準

①

②

③

④

⑤

⑥

⑦

⑧

⑨

⑩

演習問題２２の回答

判断基準

①想定される処理ケースはすべてテストしたか(網羅性)

②システム全体の不具合発生数は一定以下になっているか

③未解決の不具合が一定数以下になっているか

④主要工程の重大な未解決不具合が残っていいないか

⑤プログラムの品質は一定以上になっているか

⑥使用頻度の高い特定処理の平均の応答時間、ピーク時の応答時間が一定
　時間内か

⑦特定のバッチ処理が一定時間で終了できるか

⑧システム操作者の習熟度は十分か

⑨業務マニュアルは完成しているか

⑩ヘルプデスクの整備状況は十分か

以上は＜注意点＞として示した参考の判断基準です。

　コロナの緊急事態宣言の解除の判断基準と同じように様々な項目が考えられますので、システムの性格をよく考えて最適な項目と基準数値を選んで決めてください。

　なお、上記の判断基準は業務改革プロジェクトメンバー全員の共通認識にしておくことも重要です。

池上コンサルの最後のレクチャーで11ヶ月に及んだプロジェクトも一旦区切りをつけます。今までのプロジェクト活動の結果、社長の想いは戦略にできたでしょうか。また、幹部社員が必要と感じていた改革は実現の目処が立ったでしょうか。

　以下プロジェクト最終報告会での社長の感想です。

『私の評価では、戦略そのものはこれから実行してみないと分からないし、また新予報保守システムの開発もこれからスタートするところなので今回のプロジェクトが成功なのか失敗なのかは現時点では判断が付かない。しかし、これだけは成果と言える。それはプロジェクトのメンバーが皆、戦略立案やITマネジメントのノウハウを身につけ成長したこと。これが一番の成果であり、プロジェクトを始めてよかったと思っている。来月からは新予報保守システムの開発プロジェクトを再編成し、IT調達フェーズから活動が再スタートします。
引き続き池上コンサルタントの指導を受けて是非成功させてほしい』

以上をもって今回のプロジェクトは一旦解散となりました。

演習問題一覧

演習問題1：経営理念・経営目標の明確化　（5分）

演習問題2：事業ドメイン分析　（10分）

演習問題3：外部環境分析　（10分）

演習問題4：ＳＷＯＴ分析　（15分）

演習問題5：ＳＷＯＴクロス分析　（20分）

演習問題6：基本戦略の決定　（15分）

演習問題7：戦略テーマ(候補)の導出　（15分）

演習問題8：戦略マップの作成　（30分）

演習問題9：追加戦略のＫＰＩ　（15分）

演習問題10：社長を納得させる説明　（40分）

演習問題11：追加戦略のアクションプラン作成　（20分）

演習問題12：戦略テーマ以外の問題点、課題　（20分）

演習問題13：改革後のプロセス図作成（To-Be）　（60分）

演習問題14：サービス主任の提案は採用すべきか？　（30分）

演習問題15：保守管理システムの要求定義1　（10分）

演習問題16：保守管理システムの要求定義2　（20分）

演習問題17：プロジェクト時間を増やアイデア　（40分）

演習問題18：新システムの定量的な効果算定　（20分）

演習問題19：新システムの定性的な効果(社内)　（10分）

演習問題20：専務の判断　（20分）

演習問題21：システム開発段階での役割分担　（15分）

演習問題22：本番移行の「判断基準」（20分）

明治政府の戦略マップ

－戦略マップ作成演習－

維新後、明治新政府は国家目標（不羈独立）を実現するために様々な政策を次から次へと打ち出していきます。それらの政策は果たして戦略ストーリーとして成り立っていたのかどうか、それを検証していきます。

先ず「明治初期」の歴史を振り返ります。
図表付録1は明治元年から明治10年までの政策や事件を年代順に表しています。

この表に載っている政策はこれから作成する戦略マップの中間目標の候補(ヒント)ですのでよく見てください。ただし、馴染みのない政策や事件については、本書は歴史が主題の本ではありませんので読者自身で調べてください。

明治新政府の政策及び事件（明治元年～明治十年）　　図表　付録1

	政治・司法・行政・立法・財政	軍事・外交	殖産興業	教育・文化
明治元年	五箇条の誓文 徴士（各藩から官僚）　貢士（各藩代表）⇒集議院	戊辰戦争		神仏分離令
明治2年	版籍奉還　　大蔵省設置　身分制の廃止 東京遷都（東京行幸）　開拓史の設置	兵部省設置 外務省設置	電信（東京－横浜）	
明治3年	藩制改革	長州奇兵隊の反乱	工部省設置	散髪廃刀の自由 平民の苗字許可
明治4年	廃藩置県　邏卒制度（東京）　岩倉使節団	御親兵の編成 4鎮台の設置	郵便事業（東海道） 田畑勝手作 新貨幣（円、銭、厘）	職業選択の自由 四民での婚姻自由 文部省設置
明治5年	壬申戸籍	陸軍省、海軍省設置	鉄道（新橋－横浜） 富岡製糸工場	学制公布 太陽暦採用
明治6年	地租改正　　内務省　家禄税 明治6年の政変（征韓論）	徴兵制度	ガラ紡機発明	キリスト教黙認 全国に小学校設置 （13000校）
明治7年	台湾出兵（西郷従道）　警視庁設置	屯田兵　佐賀の乱	電信網完成	
明治8年	樺太千島交換条約　江華島事件		尺貫法の統一	東京気象台
明治9年	秩禄処分	神風連の乱（熊本） 秋月の乱（福岡） 萩の乱（山口）	士族授産	廃刀令
明治10年		西南戦争	電話（公用） 第1回内国勧業博覧会	銀座の煉瓦街

では始めます(図表付録2参照)。

維新直後の日本の国情は、地方分権の農業国家ですが、国際情勢は弱肉強食の帝国主義真っただ中。明治新政府は国家目標として"不羈独立"を掲げて荒海に乗り出しました。

　不羈独立とは「欧米に支配されない一人前の独立国」の意味で、当時の国際情勢を考えると極めて分かりやすい明確な目標です。

　ではどのようにしてその国家目標に至るのか。基本戦略は皆さん子供のころ学校で習った「富国強兵」。これも分かりやすい妥当な基本方針です。

　ではこの基本戦略の下どのようなストーリーを描いたら目的の不羈独立に達するのか。明治政府は様々な政策を現代の日本人から見たら驚くようなスピードで打ち出していきました。

当時の現状は

地方分権の農業国家

- 各藩ごとに分権している政体
- 農業主体の産業構造
- 国家予算は徳川から奪った800万石のみ
- 軍事力は0 （時に応じて西南雄藩から調達）
- 天皇は女官に囲まれたひ弱な君主
- 世界は弱肉強食の帝国主義真っただ中の世界

国家目標は

不羈独立＝ 欧米列強に支配されない近代国家になる

目標

現状

富国強兵=

どのように戦略を描きますか？
先ず基本戦略は？

富国＝殖産興業
強兵＝強い軍事力

図表 付録2

演習問題　番外 1

図の楕円（1～5）に政策（中間目標）を入れ「明治政府の戦略マップ」を完成してください。

ヒント：図表付録 1 の中から選んでください。

ただし、今回の場合の区分は 4 つの視点ではなく、国家目標、基本方針、制度仕組みの 3 つの枠組みとしました。

明治初期の課題と戦略マップ

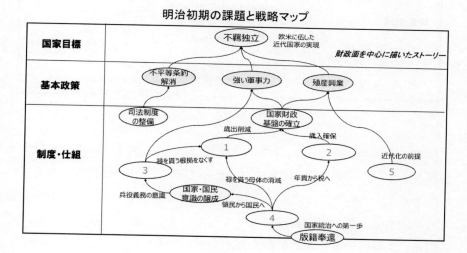

191

演習問題　番外１の回答

明治初期の課題と戦略マップ　　　　図表 付録3

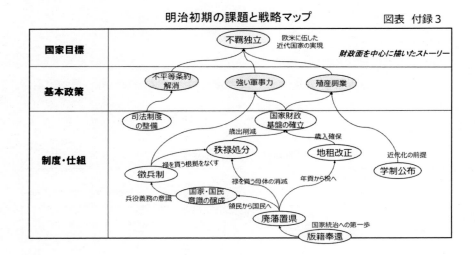

戦略マップが出来ました。「強い軍事力」と「殖産興業」のためにはお金が要ります。従ってその前提として「国家財政の基盤」が出来ていなくてはなりません。当時は国の歳出のうち 30％は何も働かない武士や公卿が秩禄として取ってしまい国家財政が大変でした。そこで禄を武士から取り上げる政策、秩禄処分が必要となります。

また歳入についても地租が大部分を占めていましたが、検見取りが大部分であったため毎年の作柄で変動し不安定なものでした。そこで歳入を安定させるべく「地租改正」を行い地価の３％が定額で国に入ってくるようにしました。「年貢を藩に収めるから租税を国家に納める」へ変えたのです。次に武士から禄を取上げるという処分を行うためには藩士である武士の身分をはく奪することです。その為には藩をなくしてしまうのが一番です。また徴兵制を敷いて武力を武士専管事項でなくしてしまうことも有効です。

そして徴兵制を施行するためには全国民が国家国民意識を持つことが必要であり、また近代的な軍隊の兵隊としては最低限の学力も必要となりますので「学制公布」は必要な前提施策となります。

また「学制公布」により国民が基礎学力をつけるというのは近代的な産業を興すための前提ともなります。

演習問題 番外2

次はアクションプランです。各政策を実現する実施策です。表の①〜⑥に実施策を入れてください。ヒント：図表付録1の中から選んでください。

アクションプラン　　　　　図表 付録4

	課題	実施策
国家目標	不羈独立	下記政策
基本方針	殖産興業	工部省／鉄道・海運・鉱業・造船事業 お雇い外国人／国立銀行／新貨幣制度
	強い軍事力	陸軍省／海軍省
	不平等条約改正	①
制度仕組み	国家財政基盤の確立	②
	秩禄処分	③　　　　　、金禄公債の発行と償還
	廃藩置県	藩主の東京移住、3府73県の設置、御親兵の召集
	地租改正	地券を発行し近代的な土地所有制度へ
	徴兵令（国民皆兵）	④　　　　　、徴兵検査
	司法制度の整備	フランス法制のコピー
	国家国民意識の醸成	⑤　　　　　、菊のご紋章
	学制公布（教育制度の充実）	⑥
	版籍奉還	各藩の土地・人民を朝廷に返還（藩は存続）

演習問題　番外2の回答

アクションプラン　　　　　　　　図表　付録4

	課題	実施策
国家目標	不羈独立	下記政策
基本方針	殖産興業	工部省／鉄道・海運・鉱業・造船事業 お雇い外国人／国立銀行／新貨幣制度
	強い軍事力	陸軍省、海軍省
	不平等条約改正	**岩倉使節団**
制度仕組み	国家財政基盤の確立	**大蔵省設置、近代的租税制度**
	秩禄処分	**士族授産、屯田兵**、金禄公債の発行と償還
	廃藩置県	藩主の東京移住、3府73県の設置、御親兵の召集
	地租改正	地券を発行し近代的な土地所有制度へ
	徴兵令（国民皆兵）	**壬申戸籍**、徴兵検査
	司法制度の整備	フランス法制のコピー
	国家国民意識の醸成	**東京遷都（天皇行幸）**、菊のご紋章
	学制公布（教育制度の充実）	**小学校の設置**（明治6年には13000校）
	版籍奉還	各藩の土地・人民を朝廷に返還（藩は存続）

　岩倉使節団は不平等条約改正が第1の目的でした。

歳入改革として地租改正を行っていますが、実際に歳入に貢献したのは酒
税など地租以外の税収によるものだそうです。近代的な税制改革は重要な
実施策でした（※）。

　秩禄の代わりに30年で償還する公債を渡された武士のうち家禄の低い下
級武士は困窮します。そこで武士（士族）に対する新たに食べていくためのす
べを与える「士族授産」事業がいろいろ行われました。

　壬申戸籍はわが国で初めて行われた人口調査で当時の日本の人口は約
3300万人でした。人口実態が明らかになり徴兵すべき20歳男子が分かり
ました。

　近代国家に脱皮するためには、国民の頭の中にある藩、村の括りを取り払
い国家、国民の意識を植え付けなければなりません。その為に京都から東京

までの一大デモンストレーションとなる天皇行幸が行われました。菊のご紋章も「天皇中心の近代国家」を国民に理解させるのに有効です。

　学制公布一年後に全国に 13000 校の小学校が出来ました。BSC 的に言えば学習と成長の視点の重要な戦略テーマです。

（※）「近代的租税制度」は何年にもわたって作り上げていったので表には載せていません

　僅か 10 年ほどの間に、これほどの重要政策、施策を次から次へと実行に移していった明治人のパワーに驚かされます。
　明治政府を引っ張っていた人たちが、このような戦略ストーリーを描いていたかどうかは定かではありません。しかし結果を知っている現代の我々の知識で整理すると綺麗に戦略ストーリーが成り立っていることに驚かされます。

明治新政府の戦略が一応成功したのは
- 明確な国家目標があった（不羈独立）
- 分かりやすい基本方針があった（富国強兵）
- そしてそれがリーダー層に共有化されていた

こんなところにその理由があったのではないかと思います。
この点は現在の企業においても同じではないかと思います。

　ただ、明治新政府の戦略が成功、と述べましたが、国家としては成功と言えるかもしれませんが、国民としては成功（幸福）と言えるかどうかは、別です。その後の歴史は、西南戦争、日清戦争、日露戦争、第 1 次世界大戦と国

民は戦争ばかりに駆り出されることになるわけですから。

```
┌─────────────────────────────────────────────┐
│                                             │
│   明治新政府の戦略が一応成功したのは         │
│                                             │
│   明確な国家目標があった ⇒「不羈独立」      │
│              &                              │
│   分かりやすい基本方針があった ⇒「富国強兵」 │
│                                             │
│   そして、それらがリーダー層に共有化されていた │
│                                             │
└─────────────────────────────────────────────┘
                        ↑
                        └── この点は現代の企業においても同じです
```

　尚、筆者は歴史の専門家ではないので解説は正確さを欠くかもしれません。ここはあくまでも歴史を学ぶためではなく戦略マップを理解するための例として明治新政府の政策を利用していますので、その点はご容赦願いたいと思います。

あとがき

　本書は筆者が中堅企業の幹部や大学生を相手に行っている研修教材がベースとなっています。研修教材と言っても教科書的な内容ではなく、筆者が実際にコンサルティングを行った企業を題材にして作った実践的な内容の研修です。

　今回のストーリー展開は架空の会社である自由ヶ丘工業の改革プロジェクトチームがコンサルタントの指導を受けながら戦略立案、業務改革、IT導入と進めていく構成になっています。
　自由ヶ丘工業のAI、IoTを使った新予防保守システムは、現在では既に多くの事例があり、特に先進的とも差別化とも言えないかもしれません。しかし、それが最初に世に出てきた時は先進的で差別化できる戦略になりますので、ここでは、包装機業界では未だこうしたシステムがなかったとの仮定で作りました。

　戦略立案、アクションプラン作成のプロセスはＢＳＣ（バランススコアーカード）の枠組みを使っています。ＢＳＣの枠組みを利用してはいますが教科書的にＢＳＣの手法を使っているわけではありません。
　戦略テーマの設定の仕方や、戦略ストーリーの作り方、ＫＰＩの扱い方などは独自のものになっています。これは中堅、中小企業で実際に使えるように工夫した結果です。
　手法は道具です。道具は使い易いように自分で削ったり、取手をつけたりして加工した方が使いやすいものになります。

　第４章で"軸"として使った３枚の図表 4-3,4,5 は「IT はどうしてもわから

ん！」と言う或るユーザ企業の幹部に説明するときに作った図です。幸いその方はこの図を見て何となく分かるような気がしてきた、と言ってくれました。ITについてモヤモヤ感がある幹部にこのような軸をもってもらい、それを拠り所に意思決定してもらうことは重要です。

　また、第4章では適語表現について書きました。適語表現することはITの要件定義時だけの問題だけではなく企業内のコミュニケーション全般に役立ちます。
　日常行われている取引先との連絡、社内の小集団活動、新規プロジェクトでのアイデア出し、すべての場で正確に過不足なく伝えあうことは重要です。"適語表現"することは伝わらないため、或は誤解して伝わったために起こるロスを大幅に軽減し全ての仕事の生産性を高めます。
　とりわけ、IT構築の場面ではITベンダーという企業文化の違う社外の人と濃密なコミュニケーションが必要となる為、特に重要です。
　過って、この適語表現が重要視された時期がありました。今から何十年も前、情報システムが企業のあらゆる基幹業務に使われ始めるようになった頃の話です。この時代、業務パッケージはほとんどなく各社であらゆる業務システム自作していました。
　その時、ベンダーＳＥも社内ＳＥも利用者の要望する機能を正確に定義し、プラグラム仕様に変える作業が大変なことに気が付きます。その大変さの理由は文章で正確に処理機能を伝えることが難しかったからです。
　そしてそのことに気づいた大手電算機メーカーは、「正しい文章で伝える手法」を各社開発し、自社のユーザに普及させました。
　それを某社は「システム的表現」また別の会社は「適語表現」、「構造化日本語」と言う妙な名前を付けた会社もあります。
　思うに日本語は省略をよしとする文化があるために、モノゴトを省略し

て伝えあうことに馴れてしまっています。省略の代表選手は俳句や川柳です。五七五の中に様々な思いを込めた表現は文学的にはよいのですが、ビジネスコミュニケーションの場では困ります。

　この適語表現が要件定義で重要であるにもかかわらず、あまり意識されていないと思い、あえてページを割いて載せました。

　DX(デジタルトランスフォーメーション)と言うコトバが経済誌などによく出てくるようになりました。その定義は簡単にのべると「ビックデータや先端のデジタル技術を使ってビジネスや社会を変革するコト」です。

　従来型の情報システムに対して AI、IoT、RPA、ブロックチェーン、5G など最先端の IT 技術が次々に出てきて世の中に変革をおこす、と言うわけです。

　IT 分野は毎年 3 文字略語の新しい技術や概念が出てきて、一般企業はそれに翻弄されます。わが社もビッグデータを活用せねば、AI を使わねばと焦燥感に駆られます。

　しかし、IT の新概念は、それを入れさえすれば会社が儲かるようになったり、業務改革が出来るようになったりするようなものではありません。どの様な場合もまずは革新したいと思う意思が第 1 で、次に改革できるように整理された業務プロセス、そして IT です。

　IT の新しい概念については、先ずご自身の座標軸を持ち、その座標軸の中でしっかり位置づけしてから導入の判断をして頂きたいと思います。

　最後に、日々改革に奮闘されている皆様に本書が少しでもお役に立て幸いです。

池山　昭夫（いけやま・あきお）

システムコンサルタント　技術士(情報工学)。大手輸送機器メーカーにて業務改革、情報システムの企画・開発マネジメントに従事。独立後は主に中堅企業を対象とした経営改革、IT再構築のコンサルティングを数多く手がける。その他、中産連、中小機構などの講師、経営指導員を勤め数多くの中小企業の業務改革、システム化を指導。また現在、名古屋地方裁判所の専門委員(IT)としてIT関係事件の裁判にも携わる。

現　　在：(株)BIB　代表取締役　名古屋地方裁判所　専門委員(IT)
社会活動：博物館明治村ボランティアガイド、（一社）ESD21　評議員

ご意見、ご感想、ご相談は次のメールへ　ikeyama@fsinet.or.jp

読んで体験する戦略的ＩＴ導入プロジェクトの物語
プロジェクトチームの一員になって学ぶ手法の数々
直ぐに使える図表を豊富に用意

2021 年 1 月 1 日発行

著　　　者　池山　昭夫

発　行　所　株式会社 三恵社
　　　　　　〒462-0056 愛知県名古屋市北区中丸町 2-24-1
　　　　　　TEL.052-915-5211　　FAX.052-915-5019

ISBN 978-4-86693-326-9　C2058